AF217368

Lisa Leiner

# Stress- und Zeitmanagement für Tierärzte

Lisa Leiner

# Stress- und Zeitmanagement für Tierärzte

## Strategien für mehr Gelassenheit im Praxisalltag

 Schattauer

**Lisa Leiner**
Neuenhagen bei Berlin
E-Mail: lisa.leiner@gmail.com

Ihre Meinung zu diesem Werk ist uns wichtig!
Wir freuen uns auf Ihr Feedback unter
www.schattauer.de/feedback oder direkt über QR-Code.

**Bibliografische Information der Deutschen Nationalbibliothek**
Die Deutsche Nationalbibliothek verzeichnet diese Publikation in der Deutschen Nationalbibliografie; detaillierte bibliografische Daten sind im Internet über http://dnb.d-nb.de abrufbar.

**Besonderer Hinweis**
Die Medizin unterliegt einem fortwährenden Entwicklungsprozess, sodass alle Angaben, insbesondere zu diagnostischen und therapeutischen Verfahren, immer nur dem Wissensstand zum Zeitpunkt der Drucklegung des Buches entsprechen können. Hinsichtlich der angegebenen Empfehlungen zur Therapie und der Auswahl sowie Dosierung von Medikamenten wurde die größtmögliche Sorgfalt beachtet. Gleichwohl werden die Benutzer aufgefordert, die Beipackzettel und Fachinformationen der Hersteller zur Kontrolle heranzuziehen und im Zweifelsfall einen Spezialisten zu konsultieren. Fragliche Unstimmigkeiten sollten bitte im allgemeinen Interesse dem Verlag mitgeteilt werden. Der Benutzer selbst bleibt verantwortlich für jede diagnostische oder therapeutische Applikation, Medikation und Dosierung.
In diesem Buch sind eingetragene Warenzeichen (geschützte Warennamen) nicht besonders kenntlich gemacht. Es kann also aus dem Fehlen eines entsprechenden Hinweises nicht geschlossen werden, dass es sich um einen freien Warennamen handelt.

Das Werk mit allen seinen Teilen ist urheberrechtlich geschützt. Jede Verwertung außerhalb der Bestimmungen des Urheberrechtsgesetzes ist ohne schriftliche Zustimmung des Verlages unzulässig und strafbar. Kein Teil des Werkes darf in irgendeiner Form ohne schriftliche Genehmigung des Verlages reproduziert werden.

© 2018 by Schattauer GmbH, Hölderlinstraße 3, 70174 Stuttgart, Germany
E-Mail: info@schattauer.de
Internet: www.schattauer.de
Printed in Germany

Lektorat: Marion Lemnitz, Berlin
Projektleitung: Dr. med. vet. Sandra Schmidt
Umschlagabbildung: © Sonja Langford – unsplash.com ; ©cristina_conti – Fotolia.com; © thenikonpro – Fotolia.com
Satz: Fotosatz Buck, Zweikirchener Str. 7, 84036 Kumhausen/Hachelstuhl
Druck und Einband: AZ Druck und Datentechnik GmbH, Kempten/Allgäu

Auch als E-Book erhältlich:
ISBN 978-3-7945-9017-9

ISBN 978-3-7945-3189-9

# Vorwort

*Wer stehen bleibt, bewegt sich nicht.*

Ich wurde häufig gefragt, warum ich solch ein Buch wie das hier vorliegende schreibe. Es gäbe doch auf dem Markt eine Vielzahl an Büchern, die sich mit Themen wie Burnout, Selbst- und Zeitmanagement oder auch Selbstfindung beschäftigen. Ja, das stimmt. Aber auch wenn diese Themen heutzutage „in" sind und sich jeder irgendwie damit beschäftigt, macht es für mich einen Unterschied, da das Buch speziell für Tierärzte geschrieben wurde.

Als Tierärztin kenne ich den tierärztlichen Alltag. Als Biologin habe ich auch andere Seiten einer akademischen Ausbildung kennengelernt sowie mich bereits hier auf das Thema „Psychologie" spezialisiert. Als Geschäftsführerin einer Job- und Karriereplattform für die Tiermedizin tausche ich mich tagtäglich mit Arbeitgebern und Arbeitnehmern aus und sehe Probleme, die mir auch in meiner eigenen praktischen Tätigkeit begegnet sind.

Die Tierärzteschaft ist stets und ständig mit alten und neuen Herausforderungen konfrontiert – egal, ob diese hausgemacht sind oder von der Gesellschaft bzw. Politik auferlegt. Tierärzte müssen starke Persönlichkeiten sein, aber dennoch so anpassungsfähig und kommunikationsbereit, dass sie in Teams erfolgreich arbeiten können. Des Weiteren müssen Tierärzte eine so große Empathie mitbringen, dass sie das Leid und die Nöte nicht nur der Patienten, sondern auch der Patientenbesitzer verstehen und darauf eingehen können, hier aber doch die nötige Distanz wahren, um mit Schicksalsschlägen nicht „unterzugehen".

Keine leichte Aufgabe. Kein leichter Beruf. Dies war er zwar noch nie, aber heutzutage kommen zusätzliche Herausforderungen hinzu, z. B. Cybermobbing und Dr. Google. In den USA gibt es inzwischen sogar ein „Vet-Abuse-Network", wo Tierärzte an den Pranger gestellt werden! In Deutschland sind wir zum Glück noch nicht soweit, aber Facebook-Foren, die denn heißen: „Mich zockt kein Tierarzt mehr ab!", oder etwas harmloser: „Tierarzt-Erfahrungsberichte", gehen teilweise mit den Kommentaren doch schon in die gleiche Richtung. Auch Bewertungsportale wie jameda und Co. können einem Tierarzt ziemlich zu schaffen machen.

Daher ist es heute vor allem besonders wichtig, sich selbst gut zu kennen, seine Wünsche, Ziele und Grenzen. Die wenige Zeit, die man als Tierarzt meist hat, muss gut geplant und geregelt sein, damit Aufgaben nicht zu Bergen von „To-do's" werden, sondern man stets das Licht am Ende des Tunnels sieht. Wer mit sich und seiner Umgebung entspannt umgehen kann, der ist auch in der Lage, Kritik und Herausforderungen besser zu meistern und Krisen leichter zu durchleben. Dies gilt am Ende nicht nur für praktizierende Tierärzte, sondern auch für Tierärzte in Ämtern, am Schlachthof, in der Industrie oder sonst wo.

Für wen ist dieses Buch somit geeignet? Für alle Kolleginnen und Kollegen, die dazu tendieren, sich im Alltag zu „übernehmen". Für diejenigen, die sich fragen, wo ihre eigene Zeit geblieben ist. Für diejenigen, die sich immer um andere kümmern, aber selbst auf der Strecke bleiben. Aber auch für diejenigen, die sich unsicher sind, wie es in Zukunft weitergehen soll, oder die vor wichtigen Entscheidungen stehen. Und natürlich für alle, die die Themen interessieren.

Für wen ist dieses Buch nicht geeignet? Wenn Sie in einem Beruf sind, der Ihnen Spaß macht, der Sie ausfüllt und Sie nicht das Gefühl haben, Ihre Freizeit kommt zu kurz. Wenn Sie eine gute Zukunftsplanung im Kopf haben und auch sicher sind, dass das der richtige Weg ist – dann können Sie dieses Buch wieder zur Seite legen.

In diesem Buch lege ich Wert darauf, dass Seiten auch mal „zwischendurch" gelesen werden können; daher sind die Kapitel relativ kurz gehalten. Die Aufteilung der Kapitel ist des Weiteren so, dass Übungen direkt passend zu den Texten durchgeführt werden können. Die Sprache ist mit Absicht eher populärwissenschaftlich gewählt, denn dieses Buch soll auch Spaß machen und „alltagstauglich" sowie kurzweilig sein. In diesem Sinne soll man quasi wie von alleine wieder zu sich selbst finden und den Spaß am Beruf und seiner Freizeit neu entdecken.

Also, packen Sie es an! Denn wer stehen bleibt, bewegt sich nicht!

Noch ein paar Hinweise zu guter Letzt: In diesem Buch wird der Einfachheit halber überwiegend vom Tierarzt in der Männlichkeitsform gesprochen. Natürlich sind hier sowohl Kolleginnen als auch Kollegen gemeint! Zudem wird nicht zwischen verschiedenen Fachrichtungen unterschieden. Wo es von Wichtigkeit ist, wird gesondert darauf hingewiesen.

Zum Schluss möchte ich mich herzlich bei allen bedanken, die es mir ermöglicht haben, dieses Buch zu verfassen. Allen voran natürlich Frau Dr. Sandra Schmidt vom Schattauer Verlag. Sie kam auf mich zu und fragte, ob ich Lust hätte, dieses Werk zu schreiben. Vielen Dank auch, dass Sie mir stets für Fragen und Anregungen zur Seite standen – und für Ihre Geduld. Des Weiteren gilt mein besonderer Dank meiner Lektorin Frau Marion Lemnitz für das Korrekturlesen und den konstruktiven Input. Auch meinem Mann möchte ich an dieser Stelle von Herzen danken. Er hat mir in Phasen, in denen ich quasi am Schreibtisch festgeklebt war, nicht nur den Rücken freigehalten, sondern war auch stets für gutes Feedback und Ideeninput zu haben. Und zu guter Letzt natürlich meinen Freunden und Kollegen für all die Gespräche und Diskussionen, die in allen Formen und Farben in dieses Buch eingeflossen sind.

Viel Spaß beim Lesen wünscht

Im Sommer 2017                                                        **Lisa Leiner**

# Inhalt

# Übungen

| Titel | Kapitel |
|---|---|
| Eigene Werte definieren | 3.2.2, S. 28 |
| „Status quo" | 3.3, S. 43 |
| Das Leuchten der Erinnerung | 3.3.2, S. 47 |
| Die Menschen, die uns beeinflussen | 4.1, S. 59 |
| Teamschiff bauen | 4.2.1, S. 64 |
| „Positiver" Stress | 5.2, S. 86 |
| Persönliche Leistungskurve | 5.4.1, S. 103 |
| Kurzschlaf | 5.4.1, S. 105 |
| Atemübung für Pausen | 5.4.1, S. 106 |
| Reise in die Zukunft | 5.4.2, S. 120 |
| Zeitmanagement-Protokoll | 6.1, S. 128 |
| Wünsch Dir was! | 7, S. 150 |

# 1 Einleitung

Stress- und Zeitmanagement sind Themen, die inzwischen viele, wenn nicht gar alle Berufssparten betrifft. Die moderne Welt dreht sich gefühlt immer schneller. Wer nicht als Erster durch das Ziel kommt, versickert im Sande. Das fängt bereits bei den Kleinsten an: Frühförderung, Fremdsprachen und Kreativseminare im Kindergarten, internationale private Schulen, Abitur ein Jahr früher, um gleich ins Studium zu gehen und mit 24 den Doktortitel zu erwerben … Bei genauerem Hinsehen wundert es keinen mehr, dass Stress und fehlende Zeit bereits Schülern zu schaffen machen, dass Kinder unter Kopfschmerzen und Burnout leiden. Warum sollte es den Studierenden oder Erwachsenen im Beruf besser ergehen?

Wir alle sind davon betroffen und müssen Strategien entwickeln, mit Stress und Zeit zurechtzukommen. Nicht von ungefähr füllen sich die Regale in den Bücherläden mit Ratgebern über Entspannungsmethoden über gesunde Ernährung bis hin zur Burnout-Prophylaxe. Es füllen sich überall Seminarräume von Gestressten, die bei gut und weniger gut geschulten Coaches in irgendeiner Form Erleichterung und Lösungen finden möchten. Der Weg „zurück zur Natur" fängt bei Rohkost an und endet bei der Umarmung von Bäumen. Alles, was entspannt, wird populär. Denn Stress und fehlende Zeit sind die „Krankheiten der Moderne". Wo es vor einigen Jahren noch „cool" war, wenn man „keine Zeit" hatte (denn ich bin **wichtig**!), geht der Trend nun genau in die andere Richtung. Heute ist man cool, wenn man es schafft, seinen Beruf so mit dem Privaten zu vereinen, dass man glücklich ist, dann heißt es: „Ich bin glücklich!" – „Echt? Wow! Wie machst Du das?!" …

Man kann diesem Alltagsstress zwar sehr gut entfliehen, indem man sich durch „leichtere" und „entschleunigte" Studiengänge oder Ausbildungsberufe herauszieht. Aber wir Tierärzte haben entschieden, uns einem der intensivsten Studiengänge überhaupt zu stellen. Und da ist das fehlende Stress- und Zeitmanagement nur eine der täglichen Herausforderungen.

Tierärzte sind eine überaus vielfältige Berufsgruppe. Nach einem doch sehr verschulten Studium werden frisch approbierte Kollegen mit einer breiten Palette an Möglichkeiten konfrontiert, in welche Richtung es weitergehen könnte. Da solche wichtigen Eigenschaften wie Selbstständigkeit und eine gezielte Zukunftsplanung in der Ausbildung jedoch ziemlich kurz kommen, bedeutet dies für die jungen Kollegen das Bewältigen einer weiteren stressbehafteten Aufgabe: Was mache ich nun? Wer sagt mir jetzt, was ich zu tun habe? Was ist für mich der sinnvollste Karriereweg? Wo verdiene ich überhaupt genügend Geld?

Natürlich hat man eine Vorstellung von dem persönlichen Berufsweg, den man einschlagen möchte, aber ich erlebe es immer wieder, dass es auch sehr viele Absolventen gibt, die absolut keine Ahnung haben, was sie nun anfangen sollen. Denn während des Studiums stellen viele fest, dass das ursprüngliche Ziel vielleicht doch nicht so „traumhaft" ist wie gedacht. Und die Zeit, um eine neue Idee zu verwirklichen, wird komplett für Vorlesungen, Seminare und Stunden des Lernens benötigt.

Böse Zungen könnten nun behaupten, dass vor allem Frauen heutzutage „ja nur aus Liebe zum Tier" das Veterinärmedizinstudium beginnen. Das mag durchaus für einige zutreffen. Aber dass junge Menschen ein Studium beginnen, ohne konkrete Vorstellungen vom Berufsleben zu haben, ist nicht nur ein Problem der „jungen" Generation!

Was passiert also? – Junge Tierärzte fangen nach dem Veterinärmedizinstudium, zum Teil schon gestresst, „halt mal irgendwo" an zu arbeiten (teilweise für einen schauderhaften Lohn!), um dann festzustellen, dass die ursprüngliche Wahl nicht passt. Oder es ist zu stressig und zeitintensiv. Oder man übernimmt sich. Oder man verdient schlichtweg nicht genug … Sie „ändern" dann den „Kurs", verfahren sich ggf. erneut oder landen schlussendlich in einem Beruf, der ihnen – mal mehr, mal weniger – Spaß macht. Andere finden sich von vornherein mit ihrem „Schicksal" ab und bewegen sich nicht mehr, aus Angst, eine falsche Entscheidung zu treffen. Und nun bleiben sie jahrelang in der eigenen Entwicklung stehen und klagen über die Situation, anstelle den Mut aufzubringen, etwas zu ändern und eventuell zu riskieren, doch wieder eine falsche Entscheidung getroffen zu haben. Änderungen können sehr schwerfallen, das stimmt! Aber wenn Entscheidungen am Ende guttun und richtig waren? … Schwierig … Diesen Kandidaten gemein ist in der Regel entweder ein recht geringes Selbstbewusstsein, was sie dazu veranlasst, ihre momentane Situation – ob gut oder schlecht – auf keinen Fall zu verändern, oder ein Perfektionismus, der bewirkt, dass sie sich die Dinge schöner reden als sie sind, nur um sich nicht mit der Wahrheit konfrontieren zu müssen. Klingt stressig? Ist es auch!

Neben dem Stressfaktor „Wohin mit mir?" treffen zudem aktuell zwei Generationen aufeinander, die verschiedene Vorstellungen von der Arbeit haben. Der „Einzelkämpfer" Tierarzt, der früher mit maximal einer Helferin, oder der Ehefrau, zusammenarbeiten musste, ist heute quasi vom Aussterben bedroht. Stattdessen gilt es, in Teams zusammenzukommen, um die Anforderungen der praktischen Tiermedizin erfolgreich und „gemeinsam" zu bewältigen.

Überall wird „Teamfähigkeit" gefordert. Aber was heißt das überhaupt? Und kann ich das? Was, wenn das Einzelkämpfertum noch immer im Team vorherrscht – kann man dann gemeinsam gute Tiermedizin machen? Und was ist mit den Ansprüchen an die Arbeitszeit? Wie können junge Tierärzte vom Beruf verlangen, dass man Freizeit und Urlaub bei gutem Gehalt kombinieren kann, wenn das bisher nie wirklich der Fall war? – Ein Tierarzt stellt seinen Beruf in den Vordergrund. Das ist zumindest die Philosophie der alteingesessenen Tierärzte. Und nun kommt der Nachwuchs mit „Live-Balance" und Freizeitausgleich – wie soll das zusammenpassen?

Aber auch die Inhaber der „alten" Einzelpraxen kommen immer mehr in Bedrängnis, sich Gedanken über die Zukunft zu machen: Verkauf der Praxis?

Nachfolger? Viele junge Kollegen möchten keine Einzelpraxis mehr kaufen. Und wenn man einen geeigneten Nachfolger findet, so ist man spätestens dann mit „Teamwork" oder der „neuen" Einstellung zur Arbeitszeit konfrontiert.

Und so kämpfen nicht nur die jungen Tierärzte mit Stressfaktoren. Auch die bereits etablierten Kollegen sehen sich mit einer Vielzahl an Herausforderungen, teils mangels Zeit, konfrontiert. Um dies alles ein wenig zu relativieren, kann man natürlich sagen, dass es in jeder Berufssparte Probleme gibt. Stimmt! – Zudem sollte hervorgehoben werden, dass es auch sehr viele glückliche Tierärzte gibt. Es erscheint manchmal so, als ob alles rund um die Tiermedizin irgendwie nur „schlecht" ist. Aber das ist es nicht.

Daher möchte ich gerne mit Ihnen am Anfang dieses Buches einen Ausschnitt eines Artikels teilen, den ich im Rahmen des VetStage-Blogs veröffentlicht habe: „Tierarzt zu sein ist mein Traumberuf, weil …". Lesen Sie die Antworten und behalten Sie diese ein wenig im Hinterkopf.

## Exkurs

### „Tierarzt zu sein ist mein Traumberuf, weil …"

„… ich schon seit dem Kindergarten wissen will, was in so einem Tier drin ist, wie das Ganze funktioniert und wie man es ‚repariert'. Außerdem komm ich mir manchmal vor wie bei CSI. Obendrein ist es der geilste Beruf, den man haben kann, auch wenn eine Kassiererin beim Billa mehr Stundenlohn hat und man selbst und ständig ist. Aber das Gefühl, als mein eigener Chef in der Praxis zu stehen, Tieren helfen und das ein oder andere Rätsel lösen zu können, entschädigt für alles andere. Und nicht jeder kann sagen: Ich mache meine Arbeit gerne und möchte sie keinesfalls missen!"

„… dieser Beruf eine Herausforderung ist, spannend und vielseitig, sowohl die Arbeit mit dem Tier als auch mit den Menschen!"

„… der lebende Organismus einfach faszinierend ist und man nie auslernt!"

„… man vor allem in der Großtierpraxis Handwerk und Fachwissen wunderbar verknüpfen kann und auch ein 12-Stunden-Arbeitstag furchtbar schnell vorübergeht."

„… es ein super lässiger Beruf ist!"

„… ich ihn auch nach 25 Jahren immer noch jeden Tag faszinierend finde. Natürlich gibt es auch doofe Tage, aber in welchem Beruf erlebt man so viel Dankbarkeit, wer kann in anderen Berufen von sich sagen, dass Beruf und Hobby eins sind, und was macht die Freizeit aus, die Liebe und Beschäftigung mit dem Tier."

„Man ist Psychologe und Theologe, wer erfährt so viel von den Menschen wie wir. Jammern wir nicht mitunter auf sehr hohem Niveau? Natürlich wird der Bürokratismus immer mehr, aber das ist doch nicht das Entscheidende. Was ist es für eine Erfüllung, nach einem Kaiserschnitt fünf gesunde Babys an die Mama anzulegen. Wie schön ist es, wenn ein Hund mit Fremdkörper wieder anfängt zu fressen. Auch das Mitleiden beim Einschläfern gehört einfach dazu. Wer möchte von Euch im Supermarkt an der Kasse sitzen? Ich nicht. In jedem Beruf gibt es gute und schlechte Tage, bei uns wird es aber nie langweilig und Montags wird es schon wieder spannend, wie sich die Fälle von Freitag entwickelt haben."

„… es faszinierend ist, Tieren zu helfen! Jeden Tag viele neue Herausforderungen! Spannend und fordernd! – Und irgendwie ist man so vieles in einer Person: Veterinär-mediziner, Humanmediziner, Psychologe, Putzfrau, Friseur, Koch … es vereint so viel mehr und fordert Kreativität! Wenn das Umfeld passt, macht das Arbeiten einfach viel Spaß!"

„… es eine Berufung ist und nicht nur ein Beruf."

**Fazit:** Das Tiermedizinstudium ist einer der schwersten Studiengänge über-haupt. Wir sind also alles schlaue Köpfe! Und ich bin fest davon überzeugt: Je schlauer man ist, desto mehr grübelt man, desto mehr wägt man Entscheidungen ab, desto perfektionistischer und kritischer ist man. Somit steht man sich auch häufig selbst im Weg, aber auf der anderen Seite sollten wir auch in der Lage sein, Situationen am Ende so zu beurteilen, dass wir korrekt mit ihnen umgehen können. Und das ist das Ziel: zu erkennen, dass unsere Probleme häufig auch eine Sache der eigenen Einstellung sind!

Unsere Einstellung gegenüber Dingen und Situationen können wir beein-flussen und damit unsere Unzufriedenheit drastisch reduzieren. Glauben Sie nicht? Dann möchte ich gerne kurz den amerikanischen Psychologen Albert Ellis zitieren, welcher beschrieb, dass „Überzeugungen, die antiempirisch, unlogisch, die eigenen Lebensziele sabotierend, rigide und extrem sind […], dann zu ‚unge-sunden negativen Emotionen' wie Angst, Depressionen, Wut, Schuldgefühlen, Scham, Gekränktsein, ungesunder Eifersucht und ungesundem Neid [führen]. Rationale Überzeugungen hingegen führen zu Emotionen und Verhaltenswei-sen, die in der Regel ebenfalls unangenehm, aber zielführend und hilfreich sind, wie Besorgnis, Trauer, Verdruss, Bedauern, Enttäuschung, gesunde Eifersucht und gesunder Neid – also zu ‚gesunden negativen Emotionen', die uns motivie-ren, zu ändern, was änderbar ist, und zu akzeptieren, was unveränderbar ist, dabei aber neue positive Erfahrungen zu suchen".

Wir können uns unserer Umwelt – und den damit verbundenen Menschen und Situationen – nicht entsagen. Wir müssen uns damit auseinandersetzen oder aber auf eine einsame Insel auswandern und als Einsiedler leben. Aber wer kann sich das heutzutage schon leisten? Bei vielen fängt es ja schon beim Flug an …

Also: Zähne zusammenbeißen und dem eigenen Stressempfinden mit einer guten Einstellung und einem noch besseren Selbst- und Zeitmanagement den Kampf ansagen!

# 2 Status quo in der Tiermedizin

Knapp 12 000 niedergelassene Tierärzte gibt es in Deutschland (Stand: 31.12.2016). Die Zahl der Einzelpraxen wird zwar perspektivisch zugunsten von Gemeinschafts- und Gruppenpraxen in den kommenden Jahren zurückgehen, aber noch immer „stehen" sich die Konkurrenzpraxen vor allem in Ballungsgebieten „auf den Füßen" und unterbieten sich teilweise mit Angeboten und Preisen. Dies führt natürlich zwangsläufig zu Existenzängsten, Frustration und Wut bis hin zur Resignation. Dass das Einzelkämpfertum in der Veterinärmedizin noch immer präsent ist, macht es vielen nicht gerade leicht, zu bestehen. Und man merkt deutlich, dass es immer schwerer wird, Praxen an geeignete Nachfolger zu verkaufen, denn der „Nachwuchs" ist inzwischen nicht mehr bereit, sich sehenden Auges in eine Verantwortung zu stürzen, die viel Schweiß, Arbeit und Nerven ohne potenzielle und intakte Live-Balance bedeutet.

Zudem werden immer mehr Kliniken von Investoren übernommen, was die Tierärzteschaft spaltet: Ist das gut oder schlecht? Was wird aus den Assistenten? Wie geht es mit den kleinen Praxen weiter? Können die überhaupt noch bestehen? …

So gibt es einige „horizontale Probleme", die über die nächsten Jahre gelöst werden müssen; aber auch auf „vertikaler Ebene" gibt es Konfliktpotenzial: Seit vielen Jahren geht ein stummer Aufschrei durch den tierärztlichen Nachwuchs. Bereits in den 1980er-Jahren beklagten sich sowohl Studierende als auch praktizierende Tierärzte über die Ausbildung an den Universitäten. Damals wie heute streiten sich Verbände und Universitäten darüber, was nun tatsächlich in den Lehrplan aufgenommen werden sollte und was nicht sowie wer wofür verantwortlich ist. Studierende kritisierten, dass das Studium zu wenig praxisbezogen sei, wohingegen Praktiker meinten, dass Absolventen zu wenige grundlegende Fertigkeiten mitbrächten, und einen Mangel an Kommunikationsfähigkeit mit Tierbesitzern beklagten. Dies ist also kein Phänomen, das erst „heutzutage" auftritt, sondern tatsächlich schon seit Langem besteht. Nur, dass dieser Aufschrei „heutzutage" immer lauter und präsenter wird. Wo er anfänglich ignoriert werden konnte, kann er inzwischen kaum mehr unter den Tisch gekehrt werden. Ob es um die Gründung eines Studentenverbandes geht, der für bessere Studienbedingungen und die Bezahlung von Dissertationen kämpft, oder die Idee einer Arbeitnehmer-Gewerkschaft, um der chronischen Unterbezahlung von Assistenten (nein, es sind nicht alle betroffen, aber viele) entgegenzuwirken.

Viele etablierte Tierärzte sehen zwar die Veränderungen in der Generation, jedoch fällt es ihnen schwer, sich diesen Veränderungen anzupassen oder ihnen gar offen entgegenzustehen, auch wenn sie als junge Tierärzte vielleicht mit den gleichen Problemen zu kämpfen hatten. Ob es die „Babyboomer" waren oder die

„Generation Y": Diese vertikalen Konflikte mit dem „früher war alles besser" scheinen immer in irgendeiner Form präsent zu sein.

Aber hilft das zur Lösungsfindung? Wohl kaum. Also schauen wir uns nochmals an, was „heutzutage" alles auf dem Problemzettel steht: Es geht um Diskussionen der Unterbezahlung, um zu wenig Freizeit, zu viel Beruf, zu viele Anforderungen, zu wenig praktische Ausbildung oder angeblich um zu viel Ignoranz unter den älteren Tierärzten gegenüber den jüngeren. Es geht um eine Frauenquote, die jährlich steigt und den ehemals männerdominierten Beruf „Tierarzt" mit Schwangerschaften und Familienfreundlichkeit vor neue Aufgaben stellt. Es geht um die „Eierlegende Wollmilchsau" Arbeitgeber, der sich inzwischen in der Pflicht fühlt, der „Generation Y" alles recht machen zu müssen. Work-Life-Balance, was ist das? Kann man das kaufen?

Das Absurde daran ist, dass ein großer Teil der Arbeitgeber bereit ist, Freizeit (für eine gute Work-Life-Balance) einzuräumen. Allerdings entwickelt sich hier noch kein Kompromiss zwischen Geben und Nehmen, denn manch ein Arbeitgeber hat das Gefühl, er reiche den Arbeitnehmern den kleinen Finger und es würde die „ganze Hand" genommen. Der Begriff „Freizeit" wird nun einmal unterschiedlich interpretiert. Was ein alteingesessener Tierarzt als „viel Freizeit" definiert, muss noch lange nicht bedeuten, dass dies der Bewertung eines jungen Kollegen standhält.

Auch hinsichtlich der Bezahlung wären Arbeitgeber durchaus bereit, mehr zu geben, allerdings liegt hier ein klassisches Management- und Finanzproblem vor: Es gibt Tierarztpraxen, die so schlecht wirtschaften, dass sie sich eigentlich keine Assistenten leisten könnten. Dies möchten viele nicht hören, aber das Problem liegt doch darin, dass die Preise für eine tierärztliche Leistung in den letzten Jahren kaum angehoben wurden, wohingegen die Lebenshaltungskosten gestiegen sind. Überall wird die Erhöhung der Gebührenordnung für Tierärzte (GOT) gefordert. Dennoch rechnen noch immer viele Kollegen zum einfachen Satz von 2008(!) ab. Und Kollegen, die den zwei- oder dreifachen Satz nehmen, müssen sich von Tierbesitzern teilweise anhören, sie würden „abzocken". Was für eine verschrobene Welt. Vor allem, wenn die Preise von Praxis zu Praxis sehr unterschiedlich sind. Um den Konkurrenzdruck zu vermindern und Assistenten am Ende entsprechend heutiger Standards entlohnen zu können, müssten die Preise flächendeckend um mindestens 30 % erhöht werden – dann wäre die Bezahlung von Assistenten und sicherlich auch von Tiermedizinischen Fachangestellten weitaus besser, weil man sie sich schlicht „leisten" könnte. Nur leider spielen hier nicht alle Kollegen mit, denn wer kostengünstigen Service anbietet (und es sich auch – trotz Erhöhung der Arbeitszeiten – leisten kann), der erhält natürlich mehr Kundschaft als die teureren Kollegen. Daher muss ein grundlegendes Umdenken stattfinden. Und man kann nur hoffen, dass die nachfolgenden Generationen genau diese Punkte erfolgreich umsetzen werden, geschweige denn, es zu einer Änderung in der GOT kommt.

Es ist noch ein langer Weg. Denn auch wenn von vielen Seiten diese Herausforderungen angegangen werden, bleibt man lieber – typisch für die noch recht konservative Tiermedizin – beim „Alten und Gewohnten". Dazu gehört auch das völlig überholte Hierarchiedenken: Dass man heutzutage auf Augenhöhe, natürlich mit Respekt, aber dennoch mehr auf gleicher Stufe, arbeitet, daran kann sich die Tiermedizin noch lange nicht gewöhnen. Und daher wird es noch dauern, bis sich durch Initiativen tatsächlich etwas ändert. Bis der wirklich größtenteils selbst verschuldete „Nachwuchsmangel" behoben ist und nicht nur wenige Tierärzte in der Branche von ihrem Gehalt gut leben können – und auch eine entsprechende Rente beziehen.

All diese Herausforderungen wirken sich auch auf die Zufriedenheit unter Tierärzten im Beruf aus. Wer vor allem in der praktischen Tiermedizin mehr Überforderung als Zufriedenheit sieht, kehrt dieser manchmal den Rücken; mitunter verharrt man aber auch an Ort und Stelle und ergibt sich der Situation.

Wie zufrieden aber sind wir tatsächlich? Diese Frage kann kaum beantwortet werden, denn durch die zahlreichen besetzten Sparten haben auch viele ihren persönlichen „Traumjob" gefunden, in dem sie aufgehen und den sie lieben. Große Unzufriedenheit herrscht derzeit in der praktischen Tiermedizin. Und das europaweit.

Laut einer europaweiten Studie der Federation of Veterinarians of Europe (FVE) aus dem Jahr 2014 waren 70 % zwar zufrieden mit der Wahl ihrer Karriere, allerdings nur 54 % auch mit dem Gehalt (bei einer durchschnittlichen Arbeitszeit von 46,8 Stunden). Mit dem Lebensstandard waren 57 % glücklich, allen voran Tierärzte in den skandinavischen Ländern. Schlussendlich wurden die Kollegen gefragt, ob sie den Beruf nochmals wählen würden. 65 % antworteten mit „ja", 35 % mit „nein". Dies mag vielleicht auch damit zusammenhängen, dass nur ein Drittel der befragten Tierärzte der Meinung war, dass Tierärzte gesellschaftlich anerkannt sind. Dies kann natürlich ziemlich am Selbstwertgefühl kratzen. Auch war nur die Hälfte davon überzeugt, dass sie bei den Patientenbesitzern ein gutes Ansehen genossen. Hat sich etwas in den letzten Jahren getan?

Diese Frage könnte eine deutschlandweite Studie aus dem Jahr 2016 beantworten (Kersebohm et al. 2017). Kersebohm et al. untersuchten die Zufriedenheit von Tierärzten im Vergleich zu anderen Berufsgruppen. In dieser Studie konnte festgestellt werden, dass die Zufriedenheit mit steigender Wochenarbeitszeit sinkt. Ein niedriger Stundenlohn trägt ebenfalls erheblich zu einer höheren Unzufriedenheit bei und ist auch gewichtiger als die Arbeitszeit an sich. Darüber hinaus kann die Arbeitszufriedenheit bzw. -unzufriedenheit auch die Lebenszufriedenheit maßgeblich beeinflussen. Fast ein Drittel der Befragten würde den tiermedizinischen Beruf vermutlich nicht noch einmal wählen, auch wenn seit 2006 die effektive Arbeitszeit gesunken und die Entlohnung gestiegen ist. Dieses Ergebnis deckt sich somit mit den Erkenntnissen aus 2014.

Niedergelassene Tierärzte scheinen insgesamt jedoch sehr viel zufriedener zu sein. Aber sie verdienen auch fast das Doppelte (niedergelassene Tierärzte verdienen scheinbar sogar signifikant mehr als vergleichbare selbstständige Akademiker aus der Bevölkerung, wobei angestellte Tierärzte signifikant weniger verdienen als vergleichbare Akademiker).

Von dieser Zufriedenheit ausgenommen sind selbstständige Tierärztinnen. Laut der o. g. Studie sind selbstständige Tierärztinnen sowohl mit der Arbeit, dem Einkommen, der Freizeit als auch mit dem Familienleben und dem Lebensstandard signifikant unzufriedener als die anderen untersuchten Gruppen. Und da sind wir bei der Herausforderung „Feminisierung der Tiermedizin". Nicht nur selbstständige Tierärztinnen haben Schwierigkeiten, „alles unter einen Hut" zu bekommen, auch angestellte Tierärztinnen werden schlechter bezahlt als die männlichen Kollegen. Dass bei diesem Thema also viel zusätzliches Stresspotenzial besteht, liegt auf der Hand.

## 2.1  Arbeitssituationen in Praxis und Klinik

Um die Frage zu beantworten, welche Situationen in der alltäglichen Arbeit eines praktischen Tierarztes Stress auslösen, benötigt man keine ausgefeilten Studien. Allerdings werden belastende Situationen von jedem individuell anders empfunden. Der eine kommt mit akuten Herausforderungen gut klar und „steckt alles weg". Der andere fühlt sich komplett überfordert und versinkt in einem lähmenden Stadium, in welchem nichts mehr vorwärtsgeht. Daher ist diese Frage doch nicht so leicht zu beantworten.

Allgemein sind die folgenden stressauslösenden Punkte zu nennen:
- eine lange tägliche Arbeitszeit ohne Pausen, teilweise sogar ohne die Möglichkeit, etwas zu essen oder zu trinken
- Bereitschafts-, Wochenend- und Nachtdienste, vor allem wenn sie gehäuft auftreten
- hohe Erwartungshaltung der Tierbesitzer mit vorgefertigten Meinungen, gefördert durch Foren, in welchen sich Tierbesitzer austauschen, und „Doktor Google"
- unerwartete Krankheitsverläufe und das Versterben von Patienten vor allem in Routineeingriffen wie z. B. Kastrationen
- Konkurrenzsituationen zwischen Tierarztpraxen und Kliniken
- die Notwendigkeit, das Wissen stetig auf dem aktuellen Stand zu halten, oder auch das Gefühl, sich spezialisieren zu müssen, um den Patientenbesitzern „gut genug" zu sein
- Umgang mit Mitarbeitern/dem Team inkl. Konkurrenzsituationen oder gar Mobbing
- Finanzfragen und Zukunftsängste, die selbstständige Tierärzte noch stärker betreffen als Angestellte

- Umgang mit schwankenden Patientenzahlen: Leerlauf versus „Voll-Lauf", man muss sich ständig auf eine neue akute Situation einstellen
- die ausgeprägte Selbsterwartungshaltung – dieser Punkt müsste eigentlich ganz oben stehen, denn Tierärzte neigen dazu, immer 150 % geben zu wollen und irgendwann auf der Strecke zu bleiben, schwierig …
- und zu guter Letzt: die Zeit – wenn uns der Tag doch nur 48 statt 24 Stunden geschenkt hätte, dann würde man auch alle Aufgaben, ob selbst gesteckt oder von außen „aufgedrückt", schaffen …

Was ist die Folge? Je mehr wir in diese oben genannten beispielhaften Situationen geraten, je häufiger oder auch gehäuft sie auftreten, desto mehr verzichten wir auf Freizeit, Familie, soziale Kontakte und: **uns selbst**. Je mehr wir uns in die Situation und die Arbeit stürzen, umso mehr leidet die Aktivierung von eigenen und wichtigen Ressourcen und am Ende auch das Selbst-Wertschätzen. Eine Arbeit, die wir tun, sollte Freude bereiten und sich finanziell lohnen. Ist dies nicht der Fall, kann das fatale Folgen haben: Wir „funktionieren" als Tierärzte nicht mehr so, wie wir sollten. Es unterlaufen uns Fehler, die schwerwiegend enden können, oder wir erhalten negative Bewertungen, die möglicherweise dazu führen, dass uns Kunden den Rücken kehren oder Neukunden lieber andere Praxen aufsuchen. Ein wirtschaftlicher Total-Crash, wo es dann auch nicht mehr hilft, zu sagen: „Hätte ich doch …!"

Es wird im Beruf immer Phasen geben, in denen der empfundene Stresspegel so hoch ist, dass man überhaupt nicht weiß, wo Anfang und Ende sind. Wenn man vor allem das Ende, das „Licht am Ende des Tunnels", aus den Augen verliert und sich dauerhaft ausgebrannt fühlt, dann muss man etwas ändern. Nehmen Sie Hinweise wie Niedergeschlagenheit oder den Verlust an Arbeitsfreude nicht auf die leichte Schulter. Auch ein noch „leichtes" Gefühl der Überforderung, wenn Sie nicht wissen, wo Sie welche Aufgaben zuerst lösen sollen, und der Kopf „aussetzt", wie in unserem folgenden Fallbeispiel, wenn Sie sich mit unwichtigen Dingen beschäftigen, weil Sie sich sonst nicht anders zu helfen wissen: Dann sollten schon die ersten Alarmglocken klingeln. Ihre Stimmung kann schlechter werden, Sie nehmen nur noch Kritik wahr und vielleicht schränken Sie sogar Ihre sozialen Kontakte ein? Dann sind Sie auf dem „besten Wege", an Depression oder einem Burnout zu erkranken (▶ Abb. 2-1)! Jetzt ist es allerhöchste Eisenbahn, sich Hilfe zu holen! Denn der Weg aus diesem Loch hinaus ist beschwerlich und langwierig.

Auch körperliche Symptome wie Kopf-, Nacken- und/oder Rückenschmerzen, Magenschmerzen oder neurologische Ausfälle (ein Kollege bekam als „ersten Hinweis auf Überforderung" immer einen Tremor in den Händen, der vom Neurologen als „idiopathisch" diagnostiziert wurde) sollten Ihrer Aufmerksamkeit nicht entgehen. Natürlich muss man aufpassen, nicht jedes Zipperlein gleich als eine körperliche Reaktion auf Stress zu definieren, aber eine gewisse „Selbstaufmerksamkeit" kann uns vor drohender Überforderung durchaus bewahren – und sollte dies auch.

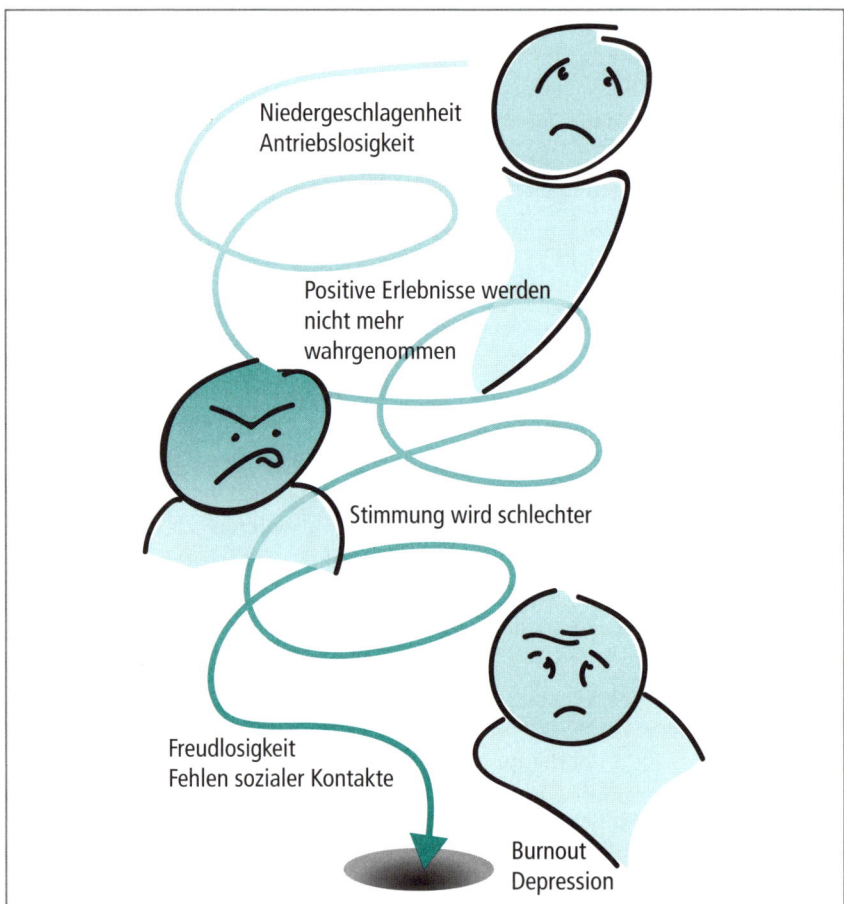

Niedergeschlagenheit
Antriebslosigkeit

Positive Erlebnisse werden
nicht mehr
wahrgenommen

Stimmung wird schlechter

Freudlosigkeit
Fehlen sozialer Kontakte

Burnout
Depression

**Abb. 2-1** Depressive Spirale

Wer noch nie seine eigenen Grenzen überschritten hat und daraus für die Zukunft lernen konnte, für denjenigen ist es manchmal schwer zu begreifen, was das bedeutet, „auf sich aufzupassen". Denn „Antriebslosigkeit" oder „Niedergeschlagenheit" sind nicht immer zutreffend, wenn man seinem „persönlichen Limit" näher kommt, wie wir an dem folgenden Beispiel sehen können.

## Fallbeispiel

Eine Kollegin, die für ein großes Unternehmen arbeitete und eine Position mit viel Verantwortung innehatte, erhielt von „allen Seiten" Aufgaben, die es zu erledigen galt. Ob Kundenanfragen oder das reguläre „Tagesgeschäft". Ständig war sie mit „Prio-1-Aufgaben" konfrontiert. Als dann noch Abgabefristen dazukamen, verfiel sie in regelrechte Panik. Sie bekam Herzrasen und ihr Kopf schaltete schlichtweg ab. In diesem Zustand zwang sie sich noch tage- und nächtelang, weiterzuarbeiten, denn die Arbeit musste ja erledigt werden. Dennoch hatte sie nie das Gefühl, eine Arbeit „erledigt" zu haben. Sie konnte kein Ende mehr sehen und wachte eines Morgens mit einem Hexenschuss auf, sodass sie sich nun auch nicht mehr bewegen konnte. Die Arbeit musste also zwangsläufig liegen bleiben, bis sie wieder genesen war. Dann erwartete sie aber ein noch größerer Berg an Arbeit, sodass sie umgehend wieder in Panik verfiel.

Dieser Kreislauf wiederholte sich ein paar Mal, bis sie sich selbst entschied, etwas zu ändern. Sie fing an, radikal ihre Aufgaben zu priorisieren und kein schlechtes Gewissen mehr zu haben, Aufgaben entweder zu delegieren oder auch einmal abzusagen. Sie fing an, ihren Tagesplan von 100 % auf 70 %, auf 50 % zu füllen, um sich selbst mehr Puffer einzuräumen (und Essenszeiten …). Und sie fing an, auf ihre eigenen Warnzeichen zu achten. Wann immer ihr Rücken wieder anfing zu schmerzen, wusste sie, dass sie zu viel Stress hatte. Wenn wieder zu viele Abgabetermine auf sie zukamen und sie kurzzeitig in Panik geriet, setzte sie sich an die frische Luft, schloss die Augen und atmete. Dann fing sie an, wieder radikal zu priorisieren, bis sie für sich „ein Ende am Tunnel" fand.

Sie selbst beschrieb ihre „Warnzeichen" so:

„Ich merkte immer, dass mein Kopf wieder kurz vor dem Aussetzen war, wenn mir so verrückte Dinge passierten wie dass ich in die Toilette lief, um die Butter zurück in den Kühlschrank zu bringen. Wenn ich in einen Raum ging, um etwas zu holen, aber, dort angekommen, vergessen hatte, was ich holen wollte. Wenn ich dreimal zurück zum Auto lief, weil ich mich noch mal und noch mal vergewissern musste, ob ich auch wirklich abgeschlossen hatte. Wenn mir plötzlich einfiel, dass der Hund noch vor der Tür saß und ich einfach reingegangen war, ohne darauf zu achten …"

Dass die Kollegin über mehrere Jahre „am Limit" lief, bevor sie eine weitere Person an die Seite gestellt bekam, war ihr durchaus bewusst. Aber sie hatte einen Weg gefunden, ihr „Limit" dennoch nicht mehr so zu übertreten, dass sie wieder bewegungsunfähig und völlig niedergeschlagen über mehrere Tage ans Bett gefesselt sein musste, was für sie die Katastrophe schlechthin gewesen war.

Diese Kollegin zeichnete aus, dass sie absolut *nicht* an einem Motivationsverlust litt. Im Gegenteil: Sie liebte ihre Arbeit trotz des Stresses. Daher gab sie den Beruf nicht auf, sondern arbeitete weiter. Als ihr aber durch den neuen Kollegen ein großer Anteil an Aufgaben abgenommen wurde, erfuhr sie eine neue Freiheit, die sie genoss.

Tierärzte wie auch andere helfende Berufe haben ein besonders erhöhtes Risiko, an Burnout und Depressionen zu erkranken. Vor allem praktische Tierärzte, im Gegensatz zu Kollegen in nichtklinischen Bereichen, sind häufiger von psychosozialem Stress betroffen, wodurch sich auch das Risiko, zu Alkohol oder Drogen bzw. Medikamenten zu greifen, erhöht (Harling et al. 2009). Dies liegt zum einen daran, dass sie sich tagtäglich um emotional belastete Patientenbesitzer sorgen müssen, andererseits ihre eigenen Bedürfnisse und Wünsche hintanstellen: Wir helfen! Wir selbst brauchen keine Hilfe!

Nur: Wie kommt man aus dieser Situation wieder heraus?

Und hier hakt es häufig. Manchmal wissen Betroffene nicht, wohin mit ihrer Wut und Verzweiflung, können ihre eigenen Emotionen nicht deuten oder ignorieren sie. Sie werden cholerisch oder ungeduldig, zynisch, stürzen sich in Abhängigkeiten oder vereinsamen. Es ist von außen natürlich immer leicht gesagt, etwas daran zu ändern, aber als Betroffener fühlt man sich in einem Burnout so gelähmt, dass man keinen Schritt in eine bestimmte Richtung schafft. Man lebt nach dem Motto: Ich bewege mich so lange im Kreis, bis ich eine andere Richtung einschlage. – Aber das funktioniert nicht. Hier kann nur ein anderer unsere Hand nehmen und uns aus dem Teufelskreis ziehen.

Was ist also das Fazit? Betroffene müssen sich zwangsläufig an einem Punkt, an dem sie es nicht mehr schaffen, die Last alleine zu tragen, Hilfe holen. (Noch) Nicht Betroffene müssen sich ihres Selbst sehr bewusst sein und wissen, oder ggf. auch lernen, wo ihre persönlichen Grenzen sind.

 Stressvermeidung beginnt nicht dort, wo der Stress schon sitzt, sondern präventiv dort, wo er zu entstehen droht!

## 2.2    Im Wandel der Zeit

Um sich seines Selbst als Tierarzt bewusst zu werden, auch, welche Rolle man in diesem ganzen Gefüge spielt und warum vorherige Generationen vielleicht ganz andere Schwerpunkte legen oder gelegt haben als die heutige Generation, ist es aufschlussreich, sich mit der Geschichte der Veterinärmedizin zu beschäftigen. Ein interessanter Punkt in der Geschichte unseres Berufsstandes ist z. B. die Entwicklung des Konkurrenzdenkens. Wenn man sich mit Kollegen der „älteren Generation" unterhält, so sprechen viele davon, dass im Studium sehr stark das Ellenbogendenken propagiert wurde. Da verwundert es nicht, wenn es vor allem alteingesessenen Praxen schwerfällt, Nachfolger zu finden, denn im Grunde können die Chefs weder loslassen noch Informationen so weitergeben, dass ein Nachfolger diese Erfolg versprechend verwerten könnte. Den „Thron" abzugeben fällt einigen doch sehr schwer.

Schade. Denn während des Zweiten Weltkrieges entstand eine sehr enge Kollegialität, welche aber bereits kurze Zeit nach dem Krieg durch ein Konkurrenzdenken abgelöst wurde, basierend auf einer hohen Arbeitslosigkeit in den ersten fünf Jahren nach Kriegsende (Maurer 1997).

Aber wenden wir den Blick noch weiter in die Vergangenheit unseres Berufsstandes. Seit der zweiten Hälfte des 18. Jahrhunderts war es möglich, eine staatlich geregelte tierärztliche Ausbildung an entsprechenden Lehrstätten in Anspruch zu nehmen. Der Zeitpunkt der Entstehung des tierärztlichen Berufs kommt zu dieser Zeit nicht von ungefähr. Verheerende Viehseuchen wie Druse, Rinderpest oder Rotz grassierten europaweit und mussten eingedämmt werden, um auch die wachsende Bevölkerung alleine schon vor Hunger zu bewahren. Rotz musste vor allem aufgrund des Militärbetriebes bekämpft werden, damit den Soldaten das Ross nicht unter dem Hintern wegstarb und sie zu Fuß gehen mussten. Hier folgten die Tierärzte den Marställen, wo Rossärzte für Militär und Gestüte ausgebildet wurden (Giese 2001).

Doch nicht nur diese Gründe führten zur Entstehung der Tiermedizin als Berufszweig, denn Seuchen und Kriege wurden nicht erst im 18. Jahrhundert erfunden. Es war vielmehr auch ein gesellschaftliches Umdenken, die problembewusste Auseinandersetzung mit der Tierhaltung allgemein, die es erforderlich machte, eine neue Berufssparte ins Leben zu rufen. Die „Stallmeisterzeit" wurde nun durch eine fundierte Ausbildung abgelöst.

Die erste tiermedizinische Schule entstand 1762 in Frankreich, in Lyon. Eine zweite Schule entstand in Alford bei Paris, eine dritte 1766 in Wien. Das erste deutsche „Vieharzney-Institut" entstand in Göttingen im Jahr 1771. Dieses Tierärztliche Institut, als älteste universitäre Bildungsstätte der Tiermedizin in Deutschland, besteht zwar noch heute, jedoch ist ein veterinärmedizinisches Studium dort inzwischen nicht mehr möglich. Ganz haben die Tiere die Georg-August-Universität Göttingen aber nicht „losgelassen"; man kann dort heute unter anderem Pferde- und Nutztierwissenschaften studieren sowie eine Ausbildung zur Tiermedizinischen Fachangestellten absolvieren.

Relativ schnell folgten Dresden, dessen Schule Anfang des 20. Jahrhunderts nach Leipzig umzog, München, Hannover und Berlin. Allein Männern war es gestattet, diese Ausbildung zu absolvieren, was aber schlicht an der damaligen Zeit lag. Seit Ende des 19. Jahrhunderts kämpften Frauen für die Freigabe des Medizinstudiums. Dies führte einige Jahre später dazu, dass weibliche Studierende tatsächlich als Gasthörer Zutritt zu den Vorlesungen erhielten und auch die Prüfungen absolvieren durften, aber durch den Status der Gasthörerschaft die Prüfungsvoraussetzungen nicht erfüllen konnten. Das ist nicht das einzige Beispiel, welches Frauen in die widersinnige Situation drängte, zwar eine medizinische Ausbildung zu erhalten, sie aber niemals nutzen zu können. Frauen im Studium wurden schlicht als heiratswillige Damen auf der Suche nach dem passenden Mann abgestempelt. Zudem wurde die Eignung von Frauen für den tierärztlichen Beruf generell bezweifelt.

Die erste Frau, die es tatsächlich schaffte, das tierärztliche Studium zu absolvieren, war die Finnin Agnes Sjöberg (1888–1964). Sie legte 1915 in Berlin die tierärztliche Fachprüfung ab, für welche sie die Genehmigung der preußischen Regierung einholen musste. Zu allem „Überfluss" wurde Agnes Sjöberg sogar Landtierärztin und bewies mit ihren Leistungen, dass Frauen durchaus fähig sein konnten, in Berufszweigen tätig zu sein, welche man früher nur Männern zugetraut hatte. Als erste deutsche Tierärztin gilt Ruth Eber, geboren 1899. Sie legte im Sommer 1924 ihre Fachprüfung in Leipzig ab. Mit diesen beiden Frauen begann der erste Schritt, den Beruf um die Frauen zu bereichern (Maurer 1997).

Dennoch waren in dieser Zeit nicht viele Frauen bereits mutig genug, sich den Hindernissen des tiermedizinischen Studiums und dem Belächeln durch männliche Kollegen zu stellen. Erst der Zweite Weltkrieg scheint eine Wendung in der Denkweise gegenüber Frauen gebracht zu haben. Durch den Einzug vieler Tierärzte zur Wehrmacht waren die verblieben Kollegen mit einer enormen Arbeitslast konfrontiert. Ruheständler wurden wieder aktiviert, Tierärztinnen traten vermehrt in den Vordergrund und erhielten damit verbunden auch mehr Möglichkeiten in Studium und Beruf. Aus Sicht der Frauen mussten viele in dieser Zeit schlichtweg das Leben selbst in die Hand nehmen und einen Beruf ergreifen, denn auf eine Heirat und eine damit verbundene „Versorgung" konnten sie sich nicht mehr verlassen; sie mussten auch in den Nachkriegsjahren hart arbeiten.

Konservative Tierhalter und Kollegen waren gezwungen, ihre Vorurteile gegenüber Frauen zu überdenken, Tierärztinnen waren gezwungen, um ihre berufliche Anerkennung zu kämpfen. Erst später, ab den 1960er-Jahren, war der Grund, dass Frauen den tiermedizinischen Beruf ergriffen, durchaus auch die Liebe zum Tier.

So stieg der Frauenanteil im veterinärmedizinischen Studium nach und nach. Wo in den 1960er-Jahren der Anteil an Frauen noch bei 14 % lag, erreichte er in den 1990er-Jahren 50 % und stieg bis heute auf über 80 %, Tendenz steigend. Laut einer Studie des Dessauer Zukunftskreises aus dem Jahr 2014 entscheiden sich junge Frauen vor allem aus Tierliebe für die Veterinärmedizin. Rationalere Beweggründe wie Wirtschaftlichkeit spielen eine eher untergeordnete Rolle. Und junge Männer? Hier wird spekuliert: Die einen sagen, es hängt am Numerus clausus, der die Männer bei der Bewerbung scheitern lässt. Andere vermuten, es ist ein rationaleres und vorausschauenderes Denken, das die Männer vom Studium abhält: Es gibt weit attraktivere Berufssparten, in denen man mehr verdient und weniger arbeiten muss.

Noch in den 1980er-Jahren war es für Tierärztinnen überaus schwierig, eine Anstellung zu finden. Häufig erhielten sie aufgrund ihres Geschlechts eine Absage; männliche Kollegen wurden immer bevorzugt. Wurden Frauen angestellt, so erhielten sie häufig einen geringeren Lohn. Dies ist auch heute noch zu beobachten, jedoch zwingt der Anstieg der Frauenquote die Tierärzteschaft zu einem erneuten Umdenken. Vorurteile gegenüber Frauen wurden in den meisten Fällen abgebaut, nun ist die neue Herausforderung, den tiermedizinischen Beruf so familienfreundlich zu gestalten, dass es Frauen weiterhin möglich ist, Familie zu haben und Kinder zu bekommen. Denn die Sorge, dass Tierärztinnen während der Berufstätigkeit schwanger werden könnten, kann heutzutage nicht mehr damit gelöst werden, schlichtweg keine Frauen mehr einzustellen …

Auch die Bezahlung der Assistenten ist ein Punkt, der aktuell viel diskutiert wird. In den 1990er-Jahren erhielt ein Anfangsassistent im Durchschnitt 2999 DM, Anfangsassistentinnen erhielten 2584 DM bei gleichem zeitlichem Einsatz von ca. 40–60 Stunden pro Woche, je nach Berufssparte; dies entspricht einem heutigen Gehalt von ca. 1500 € bzw. 1200 € (Maurer 1997). In diesem Zusammenhang ist nicht verwunderlich, dass sich auch heute noch Arbeitgeber darüber beklagen, dass Jungassistenten „so hohe" Gehälter fordern – früher hätte man anfänglich auch nicht mehr verdient. Dass sich aber über die Jahre unter anderem die Lebenshaltungskosten massiv erhöht haben, wird bei dieser Argumentation bedauerlicherweise nicht berücksichtigt.

Wo man sich früher über den Mangel an praktischer Ausbildung an den Universitäten sowie die geringe Vergütung der Assistenten beklagte, steht heutzutage noch ein weiterer Punkt im Raum: die Arbeitszeit. Diese führte damals wie heute zu einem Mangel an Privatleben, einem Zuwenig für Familie, einem Zuwenig für sich Selbst.

Frauen, die den Beruf mit der Familie vereinbarten, waren auf das Einkommen des Ehegatten angewiesen und über diesen Weg finanziell abgesichert. Wer es sich leisten konnte, überließ anderen die Kinderversorgung oder gab Babys und Kinder in entsprechende Einrichtungen. Für Frauen aus der ehemaligen DDR war es z. B. selbstverständlich, dass sie auch mit Kindern weiterhin ihrem Beruf nachgingen, andere stiegen nach einer „Kinderpause" wieder in den Beruf ein.

Warum, frage ich mich, ist es dann heute so verwunderlich, dass Probleme, die in den letzten 50 Jahren bereits thematisiert und nicht geklärt wurden, auch heute noch angeprangert werden?

## 2.3    Ich und der Rest der Welt

Jede Generation hat und hatte also mehr oder weniger mit ähnlichen Problemen zu kämpfen, ob es die „praxisferne" Ausbildung ist bzw. war, das fehlende Kommunikationstraining oder die Bezahlung im Verhältnis zu investierter Zeit.

Aber dennoch hat man häufig das Gefühl, dass es trotz der „bekannten" Probleme zu keiner Weiterentwicklung kommt. Wenn ich es als junger Assistent schwer hatte, Fuß zu fassen, oder die Vergütung meiner Arbeit als unfair betrachtet habe, warum gebe ich dies dann an nachfolgende Generationen genauso weiter? Könnte man nicht den Schritt wagen, es der nächsten Generation leichter zu machen und auf sie zuzugehen statt ihr vorzuhalten: „Ich hatte es damals auch nicht einfacher, da musst Du jetzt durch!"?

Dies ist nicht nur in der Tiermedizin ein „Problem", sondern ein generelles: **Ich** und der Rest der Welt. **Ich gegen** den Rest der Welt?

Wo positioniert man sich selbst? In welches System steckt man sein eigenes Ich? In gar kein System? In ein System, das Familie heißt? Oder geht es weiter? Freunde? Arbeitskollegen? Praxis? Gemeinde?

Wir sind Teil eines Systems, der Umwelt und Gesellschaft. Auch wenn es mancher gerne vermeiden möchte: Wir kommunizieren mit diesem System, ob wir wollen oder nicht. Die Frage ist nur, inwieweit ich mir meiner Kommunikationsfähigkeit bewusst bin oder ob es mich überhaupt schert. – Aber da Sie dieses Buch lesen, gehe ich fest davon aus, dass Sie sich schon Gedanken darüber machen, was es mit den Menschen um Sie herum auf sich hat.

Fast sechs Jahre verbringt ein Veterinärmedizinstudent an der Universität, um letztendlich seine Approbation zu erhalten. Vieles läuft noch immer zur Unzufriedenheit der Studierenden: ob es „überflüssige" Fächer sind, das Fehlen von „wichtigen" Themen wie BWL, Kommunikation oder Mitarbeiterführung, die Diskussion darüber, wie breit ein Tierarzt nach dem Studium aufgestellt sein muss, wie gewichtig die Ausbildung in der Forschung sein sollte oder wie praxisnah das Studium tatsächlich ist. Soziale Kompetenzen und wirtschaftliches Denkvermögen müssen integriert werden, am besten natürlich während des Studiums. Da dieses aber seit Jahren vollgestopft ist mit Prüfungen, Testaten und wissenschaftlichen Fächern, gilt es tatsächlich abzuwägen, auf welche Inhalte zugunsten der „neuen" Kompetenzen des Tierarztes verzichtet werden könnte. Denn hier liegt der Hund begraben: Wie sollen bei einem Studium mit einer 50-Stunden-Woche noch weitere Fächer untergebracht werden? Das Tiermedizinstudium ist laut Bericht des AOK-Bundesverbandes (2016) einer der stressigsten Studiengänge. Zeit- und Leistungsdruck sind hierbei die schwerwiegenden stressauslösenden Faktoren (Herbst u. Voeth 2016), die bei manchen Studierenden bereits zum Auftreten von Burnout-Symptomen führen (Dilly 2016). In dieser Hinsicht sind uns die Amerikaner tatsächlich einen Schritt voraus. Die Association of American Veterinary Medical Colleges kümmert sich um die stets professionelle und moderne Ausbildung von Tierärzten, angepasst an gesellschaftliche Anforderungen. Hierzu zählt auch der Blick auf die Stressfaktoren in der tierärztlichen Ausbildung. Es geht um Themen wie „Stressmanagement im Studium", „Qualität der klinischen Ausbildung" und Ähnliches.

Anders als hier in Deutschland. Hier beschäftigt man sich noch mit der „altbewährten" Frage, wer für die praktische Ausbildung der Studierenden verantwortlich sei, die Praktiker oder die Universität? Beide Parteien schieben sich in diesem Punkt schon lange den „Schwarzen Peter" gegenseitig zu. Fakt ist, dass etwa ein Drittel der klinischen Ausbildung außerhalb der Universität stattfindet oder stattfinden sollte. Wo man allerdings früher noch den Praktikanten zur Labmagen-OP gesendet hat, ihn einfach „ins kalte Wasser warf", ist dies teilweise heute nicht mehr so einfach machbar. In manchen Fällen verweigern Tierbesitzer sogar die Behandlung des geliebten Tieres durch einen Praktikanten, einfach weil sich auch die Einstellung zur „richtigen" Haltung von Haustieren, vor allem im Kleintiersektor, massiv gewandelt hat.

Fakt ist auch, dass viele Studierende zu Beginn des Studiums andere Vorstellungen vom Beruf haben als in dem Augenblick, in dem es tatsächlich „ernst" wird. Je weiter das Studium voranschreitet, desto mehr geht die Tendenz von der idealisierten Vorstellung des Berufs „Tierarzt" weg und hin zur Ernüchterung. Laut der o. g. Studie des Dessauer Zukunftskreises aus dem Jahr 2014 haben nur

30 % der befragten Tiermedizinstudierenden von Anfang an ein realistisches Bild des Berufes im Kopf und können damit umgehen. Diese Studierenden finden tatsächlich in dem Veterinärstudium das, was sie als ihr „Traumstudium" bezeichnen. Im Rahmen dieser Studie wurden Lösungsvorschläge niedergeschrieben, welche auch die bereits erwähnten Kritikpunkte wie das frühe Einbeziehen von Studierenden in die Praxis (z. B. über Mentorenprogramme) beinhalten.

Und hier wären wir wieder beim System: Nachwuchs lässt sich nicht anerziehen, wenn man sich nicht um ihn kümmert! Kein Tierarzt, kein Arbeitgeber oder Arbeitnehmer kann – und sollte – sich diesem System „gemeinsame tierärztliche Zukunft" entziehen. Auch wenn immer wieder über die neue Generation „Y" geschimpft wird, die – häufig aus subjektiver Sicht gesehen – „schlechter" ausgebildet ist als die vorherige Generation. Sie ist einfach anders. Werte haben sich insgesamt gewandelt, nicht nur in der Tiermedizin. Und keine Generation ist schlechter oder besser, also sollten gemeinsam Lösungen gefunden werden.

Und nun bin **ich** eine dieser Personen in diesem System. Ich gehöre der alten Generation an, den „Babyboomern" oder der neuen Generation „Y". Oder aber schon der kommenden Generation, die dann auch einen neuen Namen erhalten wird, mit mehr oder weniger Beschwerden, was doch „aus der Jugend geworden" ist.

In diesem großen „Fluss" habe ich meine Position im Leben erarbeitet, habe mir einen Namen gemacht, bin „bekannt". Oder ich bin noch ein kleines Licht am Anfang meiner Karriere. Wer auch immer ich bin, ich verhalte mich, agiere, kommuniziere, inter-agiere, konfrontiere.

Betrachten wir menschliches Verhalten einmal auf drei Ebenen (▶ Abb. 2-2):
- Des **Individuums**, welches ein selbstständiges Handlungssubjekt darstellt
- Der **Interaktion** mit einer anderen, einer zweiten Person, vielleicht meinem Arbeitgeber, meinem Kollegen oder einem Familienmitglied. Diese Ebene gestaltet sich bereits etwas schwieriger als die erste, weil ich auf jemand anderen eingehen muss.

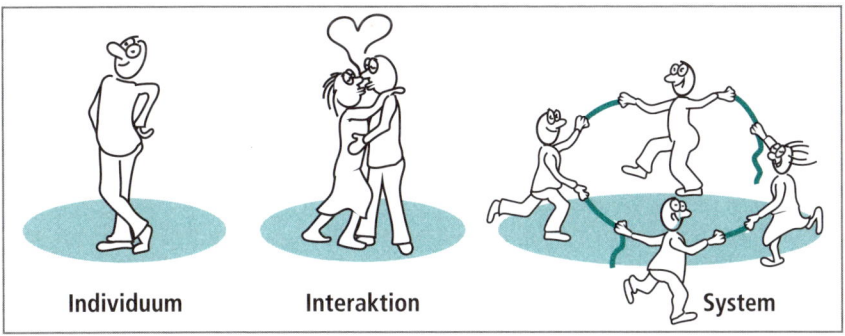

Individuum    Interaktion    System

**Abb. 2-2** Die drei Stufen des Systems

- Und dann die Ebene des bereits erwähnten **Systems**: Hier interagiere ich mit vielen Menschen um mich herum, mindestens aber mit zwei weiteren in Form einer „Dreiecksbeziehung".

Diese drei Ebenen zeigen, dass der Mensch natürlicherweise immer ein Teil eines Ganzen ist. Es zeigt aber auch, dass die Persönlichkeitsentwicklung ganz am Anfang dieses großen Kooperationssystems steht.

Dinge mit sich selbst „auszufechten" ist manchmal schon schwierig genug, aber wenn man das schon nicht kann, wie soll korrektes Verhalten in der Interaktion mit anderen Menschen vonstatten gehen? Wie sollen soziale Kompetenzen entwickelt werden?

# 3    Ich: Persönliche Kompetenzen

Bei der Erziehung von Kindern achtet man heutzutage immer mehr darauf, dass diese die Möglichkeit haben, ihre „eigene Persönlichkeit" zu entfalten. Man möchte ihnen ein Selbstbewusstsein mit auf den Weg geben, welches sie in der modernen Gesellschaft zu stabilen Individuen heranwachsen lässt. Nun sind Sie alle keine Kinder mehr; dennoch möchte ich mich relativ zu Anfang dieses Buches mit diesem grundlegenden Thema beschäftigen: Ihren persönlichen Kompetenzen! Denn das Ziel ist, Ihrem Stress- und Zeitmanagement besser „Herr" zu werden. Und Stress und auch die Einteilung der persönlichen Zeit beruhen, wie eingangs schon beschrieben, auf der eigenen Einstellung der Umwelt gegenüber, mit all ihren Pros und Contras. Um diese Einstellung beeinflussen und damit gelassener in den Alltag starten zu können, müssen wir aber erst einmal den Blick auf uns selbst richten, oder wie Michael Jackson ausdrückte: „I'm starting with the Man In The Mirror. I'm asking him to change his ways …"

Wer sind wir? Was wollen wir? Was treibt uns an?

Wer sich die Zeit nimmt, über sich selbst als ein Individuum zu reflektieren, sich also mit sich selbst zu beschäftigen, über sich selbst nachzudenken, der mag anfänglich den Eindruck haben, dass das Ganze ein wenig ins Esoterische geht. Oder zu philosophisch wird. Zwar wird der Begriff der Selbstreflexion tatsächlich in der Philosophie häufig verwendet, aber wissenschaftlicher betrachtet ist die Selbstreflexion ein persönlicher Forschungszweig. Wir betreiben Verhaltensforschung an uns selbst – und das kann richtig Spaß machen, denn man kann sehr viele neue Seiten an sich entdecken. Man lernt, sich selbst zu hinterfragen und eigene Lösungen zu finden, anstelle alles so hinzunehmen, wie es ist, oder abwegige Gründe zu suchen, um das Verhalten zu erklären oder gar zu rechtfertigen. Auch werden wir nicht mehr so abhängig von anderen Menschen, die in unserem Namen Entscheidungen – am besten auch immer die richtigen! – fällen sollen.

Der moderne Mensch ist von Natur aus ein neugieriges und soziales Wesen. Er beschäftigt sich gerne mit Dingen, die in seiner Umwelt passieren. Er möchte diese verstehen, entdecken oder auch verändern. Und dies von Anfang an. Also seit rund 195 000 Jahren.

Wenn Sie also sich selbst „erforschen" und Selbstreflexion betreiben: Kennen Sie Ihre konkreten Ziele im Leben? Ihre Werte? Ihre tatsächlichen Stärken, Kompetenzen und Schwächen? – Hier stockt es häufig. Zwar kennen wir im Grunde unsere persönliche Geschichte, unsere groben Werte, Bedürfnisse und Visionen, aber wenn wir einmal ganz konkret danach gefragt werden, ist der Weg zu unserem persönlichen „Glück" dann wirklich noch so klar?

## 3.1    Der intelligente Mensch

Um die Hintergründe der folgenden Kapitel verstehen zu können, müssen wir einen kleinen Ausflug in die „Intelligenz" des Menschen machen.

Jeder Studierende der Veterinärmedizin benötigt eine gewisse Intelligenz, um das Studium erfolgreich absolvieren zu können. Wo man früher viele Vorhersagen mit dem Intelligenzquotienten versuchte, stellte man später fest, dass Menschen im Beruf ebenfalls sehr erfolgreich sein können, obwohl sie im klassischen IQ-Test nur durchschnittlich abschnitten.

In den 1980er-Jahren entwickelte Howard Gardner die **Theorie der multiplen Intelligenzen**. Seiner Ansicht nach musste es mehr geben als die „klassische Intelligenz", auf welche sich gerne berufen wurde, wenn es darum ging, jemanden als „schlau" und damit „beruflich erfolgreich" zu klassifizieren. Die herkömmlichen Leistungs- und IQ-Tests (auch in der Schule) hatten für ihn mit Festlegung der im wirklichen Leben geforderten Qualitäten wenig gemein. Es sollte auch darum gehen, Fähigkeiten festzustellen, die den Erfolg in verschiedenen Berufszweigen voraussagen, unabhängig vom klassischen „IQ" (Gardner 1983). Vor allem in der pädagogischen Förderung beruft man sich daher gerne auf diese „Intelligenzen", um individueller auf die Bedürfnisse von Kindern eingehen zu können. Für mich ist die Theorie der multiplen Intelligenzen eine schöne Grundlage, persönliche Fähigkeiten, oder man könnte auch sagen „Bausteine der Persönlichkeit", besser einordnen und beschreiben zu können, auch im Hinblick auf das tierärztliche Berufsleben.

Nicht ganz unumstritten werden heute sieben (bis neun) „Intelligenzen" auf dieser Grundlage basierend genannt. Nachfolgend möchte ich die Formen beschreiben, die ich für die tierärztliche Tätigkeit für wichtig erachte:

- **Intrapersonelle Intelligenz:** Die Person besitzt die Fähigkeit, die eigenen Gefühle, Emotionen und Stimmungen zu verstehen sowie eigene Stärken und Schwächen zu erkennen und entsprechend einzusetzen.
- **Verbale Intelligenz:** Personen mit einer verbalen Intelligenz sind sehr eloquent und können sprachlich überzeugen.
- **Körperlich-kinästhetische Intelligenz:** Diese Personen sind sehr „fingerfertig", aber auch körperbezogen. In diese Kategorie fallen sowohl Schauspieler, Tänzer als auch Sportler oder Chirurgen.
- **Visuell-räumliche Intelligenz:** Eine Fähigkeit, die sich viele wünschen. Diese Personen können Distanzen gut einschätzen, sie haben den Blick für Räume, Objekte und Formen.
- **Interpersonelle oder soziale Intelligenz:** Verhandlungsgeschick, Vermittlungskompetenz, Empathie. Diese Personen verstehen die Emotionen und Reaktionen anderer Menschen und können diese positiv beeinflussen.
- **Logisch-mathematische Intelligenz:** Naturwissenschaftliche Zusammenhänge verstehen und entsprechende Konsequenzen daraus ziehen.

Tierärzte benötigen allen voran natürlich eine logisch-mathematische Intelligenz, um abstrakte Zusammenhänge in ein großes Ganzes fügen zu können, aber ebenfalls eine verbale Intelligenz, um diese Zusammenhänge so zu vermitteln, dass sie auch Menschen verstehen, die weniger naturwissenschaftlich denken können (Bergner 2010). Da Tierärzte Dienstleister sind, spielt des Weiteren die interpersonelle oder soziale Intelligenz eine wesentliche Rolle, um uns überhaupt einen Zugang zu anderen Menschen zu verschaffen bzw. Empathie spüren zu können. Und zu guter Letzt sollten Tierärzte auch über eine intrapersonelle Intelligenz verfügen, um die eigenen Grenzen nicht zu überschreiten und sich am Ende mit dem ursprünglichen Traumjob heillos zu übernehmen.

Das Problem dabei: Nur die wenigsten Menschen können von sich behaupten, alle vier Intelligenzen aufzuweisen. Der Spruch „Toller Tierarzt, aber ziemlich unfreundlich!" kommt nicht von Ungefähr. Oder der „Genie und Wahnsinn"-Vergleich. Man versteht, dass diese Menschen wirklich etwas auf dem Kasten haben, kluge Köpfe sind, aber dafür eine mangelnde Sozialkompetenz aufweisen, zurückgezogen leben oder die Ehen in die Brüche gegangen sind.

Wie kommt man aber nun als kluger, naturwissenschaftlicher Kopf zu den anderen Intelligenzen? Und hier kommt das Schöne: Sie sind erlernbar! Wer sich als Verhandlungsmuffel sieht, als kommunikationsscheu oder als jemand, der überhaupt nicht erklären kann: Macht nichts. Es lässt sich alles üben, erweitern und umsetzen. Und jeder Schritt, um seine eigenen „Intelligenzen" zu schulen, ist ein weiterer Schritt, sein Selbstbewusstsein zu erweitern. Und das ist gut so.

Neben der logisch-mathematischen Intelligenz sind somit die intrapersonelle, die interpersonelle oder soziale und die verbale Intelligenz weitere wichtige Kriterien für den korrekten Umgang mit Kollegen und Patientenbesitzern. Leider zählt die soziale Kompetenz im Vergleich zur wissenschaftlichen noch immer relativ wenig im tierärztlichen Berufsstand. Solange jedoch die Bedeutung von persönlichen und sozialen Kompetenzen solch eine geringe Rolle spielt wie bisher, wird sich im Berufsstand wenig ändern.

Noch eine kurze Anmerkung: Ich erlebe zum Glück immer mehr, dass vor allem Arbeitgeber bei der Suche nach passenden Arbeitnehmern auf „Social Skills" Wert legen. Dieser Trend ist überaus erfreulich, allerdings sprechen wir hier noch lange nicht von einem „flächendeckenden Phänomen"!

## 3.1.1 Emotionale Intelligenz

Nach dem Konzept von Daniel Goleman (1996) kann man die interpersonelle, die intrapersonelle und die verbale Intelligenz zu einer Intelligenzform zusammenfassen (Sie sehen, es gibt viele Theorien über die Intelligenz …): der emotionalen Intelligenz.

Goleman beschreibt in diesem Zusammenhang die folgenden fünf wesentlichen Aspekte:

- Man kennt seine eigenen Emotionen.
- Man kann mit seinen Emotionen umgehen.
- Man kann sich selbst motivieren, etwas zu tun.
- Man erkennt Emotionen in anderen Personen.
- Man kann mit Beziehungen umgehen.

Im übertragenen Sinne handelt es sich bei der emotionalen Intelligenz um das „Etwas", das in jedem von uns besteht und nicht immer greifbar erscheint (▶ Abb. 3-1). Es beeinflusst, wie wir uns verhalten, wie wir uns in sozialen Gefügen bewegen oder personelle Entscheidungen treffen.

Wenn ich mir meiner eigenen Emotionen bewusst bin, meine Stärken, Werte und Grenzen kenne (= **Selbstbewusstsein**), dann fällt es mir auch leichter, Emotionen und Verhalten anderer Menschen zu verstehen und zu bewerten (= **Sozialbewusstsein**). Mit dieser Fähigkeit kann ich nicht nur eigene Handlungen positiv beeinflussen (= **Selbstmanagement**), sondern auch Beziehungen und Interaktionen erfolgreich steuern oder visionär führen (= **Beziehungsmanagement**). Dies spiegelt sich z. B. wider in Verhandlungsgeschick, Vermittlungskompetenz oder auch Konfliktfähigkeit.

Ob die Bedeutung der emotionalen Intelligenz wirklich so hoch ist, wie vielerorts beschrieben (es gibt inzwischen ganze Internetseiten mit Tests, die angeblich die emotionale Intelligenz messen können), ist nicht abschließend beurteilbar. Auch in den USA hat man angeblich damit angefangen, Kompetenzen der emotionalen Intelligenz in das Curriculum der veterinärmedizinischen Ausbildung zu integrieren. Kritiker bemängeln jedoch, dass wissenschaftliche Grundlagen fehlen, um wirklich abschätzen zu können, ob die Integration solcher Kompetenzen für die tierärztliche Ausbildung notwendig seien. Sie befürchten, dass es sich hierbei um einen „Schuss nach vorne" handelt, der am Ende den zukünftigen Praktikern keine wirklichen Vorteile bringt (Timmins 2006).

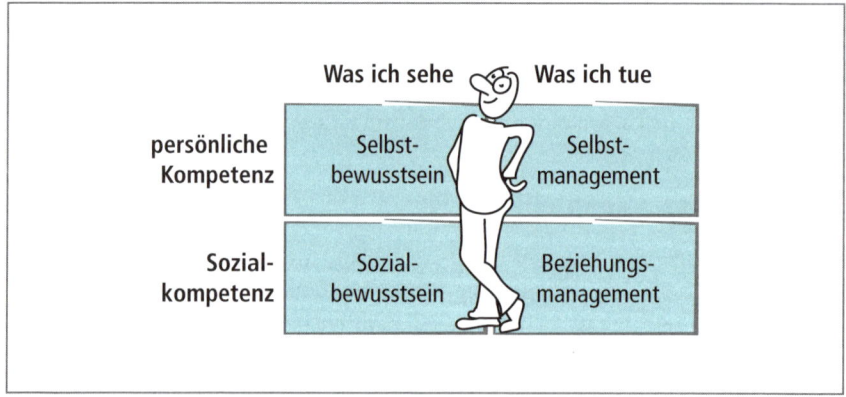

**Abb. 3-1** Emotionale Intelligenz

Nichtsdestotrotz ist meines Erachtens jedoch sicher, dass uns persönliche und soziale Kompetenzen im Beruf und im Leben ausgeglichener und bis zu einem gewissen Grad sicherlich auch erfolgreicher machen sowie sich positiv auf unsere Grundstimmung auswirken.

Die Fähigkeit der Selbstreflexion, des Selbstbewusstseins, stellt somit eine der vier grundlegenden Eigenschaften der emotionalen Intelligenz dar. Die zweite Eigenschaft, welche in die Kategorie „persönliche Kompetenzen" fällt, ist das Selbstmanagement, welches auch die eigene Motivation beinhaltet, mit den Fragen: Was treibt mich an? Warum tue ich das, was ich tue? In den folgenden Abschnitten wollen wir uns mit diesen zwei Punkten, Selbstbewusstsein und Selbstmanagement, etwas näher beschäftigen.

## 3.2    Selbstbewusstsein: Wer bin ich? Was ist mir wichtig? Was treibt mich an?

Um mit sich und seiner Umwelt „im Einklang" zu stehen, bedarf es zweier wichtiger Fähigkeiten: einer guten Selbstreflexion und der Kenntnis des eigenen Lebenskonzeptes.

Wer eine gute Reflexionsfähigkeit hat, wer weiß, warum man etwas fühlt, warum man wie reagiert und wo die persönlichen Grenzen sind, entwickelt durch ein stabiles Selbstkonzept, der fällt seltener in defensive Reaktionen und fühlt sich weniger häufig dazu genötigt, sich rechtfertigen zu müssen. Denn man selbst weiß, wohin der Weg geht. Man entwickelt ein gesundes Selbstbewusstsein. Und dass man hier auf Hindernisse oder Meinungsverschiedenheiten stößt, ist ein Teil des Weges.

> **!**  Es gibt keine Probleme, nur Herausforderungen.
> Alleine die Änderung dieses Vokabulars lässt uns viel stärker an eine Thematik herangehen, denn das Wort „Herausforderung" ist wesentlich positiver behaftet als das Wort „Problem".

Wie kommt man zu einer guten Selbstreflexion, zu einem guten und stabilen Selbstkonzept? Ein erster Schritt ist das Bewusstwerden, wer Sie als Individuum sind. Darin eingeschlossen sind Ihre Erfahrungen und Befindlichkeiten, Ihre Gedanken, Gefühle, Wünsche, Kompetenzen und vieles mehr. Das, was Sie ausmacht.

Machen Sie sich klar: Kein anderer Mensch kann wirklich **das** fühlen, was Sie fühlen. Keiner kann sehen, welche Gedanken Sie verfolgen, keiner kann den Schmerz oder die Freude empfinden, die Sie empfinden. Alles bleibt für andere in Ihrem Selbst verborgen. Und das gilt auch andersherum: Emotionen, Gedanken und Eindrücke bleiben in Ihrem Gegenüber für Sie verborgen. Nur viel

Übung und Menschenkenntnis befähigen dazu, annähernd zu vermuten, was in anderen Menschen vorgeht. Aber eine 1:1-Übertragung wird nie möglich sein.

Natürlich überschneiden sich viele Ansichten und Empfindungen sehr stark. Es ist uns klar, dass die meisten Menschen Autos, Häuser und Bäume sehen können. Es ist uns auch klar, dass ein Mensch beispielsweise durch die Punktion einer Nadel Schmerzen empfinden kann. Ein gewisses Empathievermögen ist uns Menschen rein evolutionär in die Wiege gelegt. Aber je mehr wir ins Detail gehen, desto mehr unterscheiden wir uns voneinander.

### 3.2.1    Wer bin ich?

Haben Sie sich schon einmal darüber Gedanken gemacht, wie Sie Ihre Umwelt wahrnehmen? Rein physiologisch gesehen? Das erscheint recht einfach: Wir nehmen Reize über unsere Sinnesorgane wahr und diese werden im Gehirn verarbeitet. Haben Sie sich in dieser Hinsicht auch mal Gedanken darüber gemacht, dass diese Sinnesverarbeitung bei einem anderen Menschen zu 100 % anders ist? Natürlich. Wir haben alle die gleichen Sinnesorgane und auch alle einen Kopf, um diese zu verarbeiten. Aber nicht jedes Sinnesorgan funktioniert „gleich" und auch die neuronalen Verschaltungen im Gehirn und die daraus entstehenden Bewertungen der Eindrücke sind nicht „gleich" (▶ Abb. 3-2).

Ein Beispiel: Sie fühlen den Wind, Sie riechen den kommenden Regen, Sie sehen die Wolken, die Bäume, das Gras. Sie halten die Leine Ihres Hundes in der Hand und hören sein Fiepen um Aufmerksamkeit. Dies alles nehmen Sie durch ihre **Sinnesorgane** wahr, die sich hier bereits von Individuum zu Individuum unterscheiden. Der eine hört, der andere sieht besser. Es gibt Lauscher, „Adleraugen", Haptiker und Gourmets. Gibt es bei Ihnen Sinnesorgane, die besonders ausgeprägt sind?

Neben dem Filter durch unsere Sinnesorgane gibt es noch einen weiteren: unsere **Werte, Erfahrungen und Emotionen**. Dieser zweite Filter entwickelt sich im Verlauf unseres vergangenen Lebens. Im Positiven wie im Negativen. Auch der Einfluss von außen und das „Überstülpen" von Werten oder Glaubenssätzen können diesen Filter formen.

Die zweite Stufe der individuellen Aufnahme und Verarbeitung unserer Umwelt führt am Ende zu einer individuellen Interpretation. Und diese Interpretation sieht bei jedem Menschen anders aus: Wo täglich eine Masse an Reizen unsere Sinnesorgane überflutet, nimmt unser Gehirn nur die Informationen auf, die es in bereits bestehende Denkmuster einsortieren kann. Denn Menschen sind nicht objektiv, sondern selektiv (wir wären mit der Flut an Reizen komplett überfordert, wären wir objektiv und würden alles verarbeiten) und damit überaus ökonomisch. Informationen können schneller verarbeitet werden und sehr wichtige Informationen werden „auf ewig konserviert" (Müssler u. Rieger 2017).

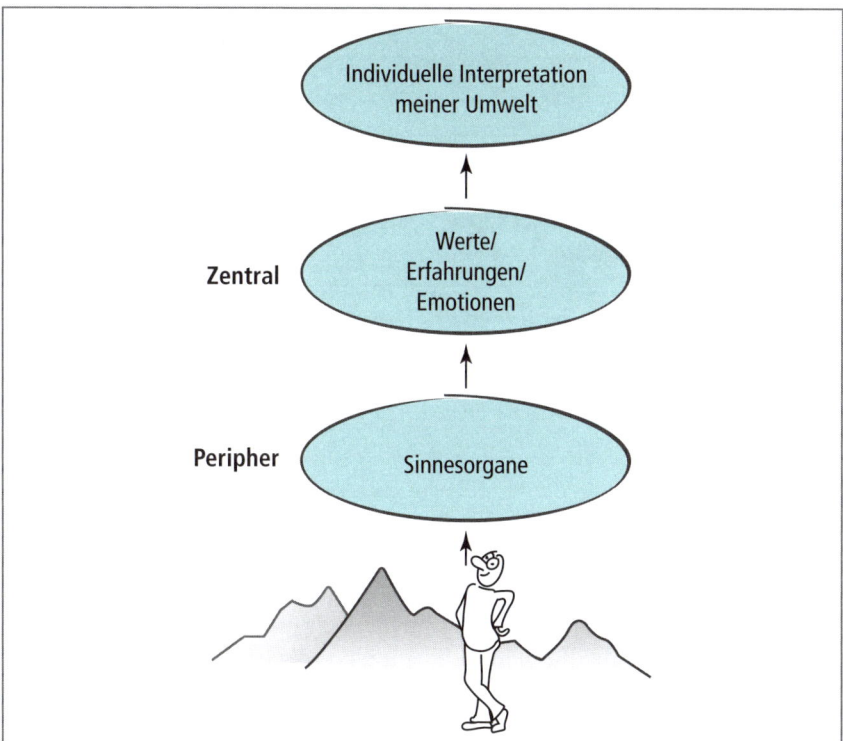

**Abb. 3-2** Die Filter zur individuellen Interpretation seiner Umwelt

Allein diese Kenntnis hilft in vielen Fällen, Unverständnis für Handlungen und Denkweisen anderer zu vermeiden:

- Welche individuellen Erfahrungen hat mein Gegenüber gemacht?
- Welche Interpretation der Umwelt könnte zu dieser oder jener Handlung bzw. Denkweise geführt haben?
- Welche Informationen fehlen mir, um mein Gegenüber zu verstehen?

### Das Instanzen-Modell nach Freud

Eine weitere Theorie, sein eigenes Handeln und Denken besser zu verstehen, ist das Instanzen-Modell nach Sigmund Freud (1923/1975). Sehr alt, aber noch immer aktuell (▶ Abb. 3-3). Sie beschreibt drei Ebenen des Selbstbewusstseins.

Die mittlere Ebene beinhaltet das Ich, welches der Mediator zweier weiterer Ebenen ist, die ihm das Leben teilweise überaus schwer machen: Oben steht das Über-Ich, welches von Werten geprägt ist. Es belohnt moralisches Handeln mit Stolz und bestraft unmoralisches Handeln mit Schuldgefühlen. Es ist dasjenige, welches den Finger erhebt, sobald wir uns von unseren eigenen Moralvorstel-

**Abb. 3-3** Das Instanzen-Modell nach Freud (1923/1975)

lungen entfernt haben. Unter dem Ich sitzt das Es, welches die eigen gesetzten Grenzen als überaus flexibel betrachtet: Warum nicht mal über die Stränge schlagen? Warum nicht lieber auf der Couch liegen und fernsehen, anstelle eine Runde joggen zu gehen? Warum jetzt meine Aufgaben erledigen, wenn ich sie noch bis zuletzt vor mir herschieben kann? Das Es ist der Sitz der gesamten psychischen Energie. Es drängt nach Befriedigung und kann hierbei zeitlos und unlogisch sein.

Diese beiden Ebenen, das Über-Ich und das Es, stehen gerne in einem Konflikt zueinander. Und das Ich, welches Wille, Logik und Realitätsdenken repräsentiert, muss mittig zwischen dem Über-Ich und dem Es vermitteln. Nun geschieht dies mehr oder minder erfolgreich. Mal bekommt das arme Ich von beiden Seiten Hiebe und Schläge, mal steht das Ich als starker Mediator zwischen beiden Fronten und kann erfolgreich Kompromisse finden.

Auch hier gilt ein ähnliches Prinzip wie bei den oben beschriebenen Filtern zur individuellen Interpretation unserer Umwelt. Kennen Sie Ihre beiden Streithähne, können Sie besser und schneller vermitteln und geraten so nicht in den wohlbekannten gedanklichen Teufelskreis: „Engel links, Teufel rechts" … Es geht ebenfalls um das Kennen des Selbst – um die Selbstreflexion.

### 3.2.2    Was ist mir wichtig?

Werte sind Begriffe, die das widerspiegeln, was uns im Leben wichtig erscheint. Sie sind im sprachlichen Sinne recht unspezifisch und können unterschiedlich verwendet werden. Für jede Person, für jedes Individuum haben Werte eine andere Bedeutung. Werte sind persönliche Motivatoren und Entscheidungshilfen. Werte sind in der Regel das, was uns zufrieden sein lässt, wenn sie erfüllt sind. Teilweise sind uns unsere individuellen Werte bewusst, aber häufig sind sie rein intuitiv oder gar unbewusst. Sie spielen auch in unbeobachteten Momenten eine

Rolle und beeinflussen damit unser Verhalten. Sie haben eine gewisse Beständigkeit, können sich jedoch im Verlauf des Lebens ändern. Werte sind immer im Zusammenhang mit Emotionen zu sehen: Wer meine persönlichen Werte angreift oder infrage stellt, kann sich durchaus recht schnell in einer emotionsgeladenen Diskussion wiederfinden.

Wenn innere Werte untereinander in Konkurrenz stehen, dann stehen wir in einem persönlichen Konflikt.

## Persönliche Entwicklung von Werten

Wenn man Freunde und Bekannte nach ihren Werten fragt, nach denen sie streben, erhält man relativ häufig allgemein gehaltene Antworten wie „Glück", „Selbstverwirklichung" oder „Spaß". Es gilt aber herauszufinden, was diese Werte für jeden Einzelnen bedeuten, was wir mit ihnen konkret verbinden. Ein intensives Hinterfragen ist indiziert, um herauszubekommen, was wir wollen und was unserem Leben Bedeutung und Richtung gibt.

Betrachtet man die Entstehung von Werten etwas genauer, wird man feststellen, dass auch in individuellen Bereichen Werte voneinander abweichen können. Im persönlichen Lebensbereich „Familie" gibt es ggf. andere Werte als im Lebensbereich „Arbeit". Auch unterscheiden sich sicherlich die Werte der Lebensbereiche „Finanzen" und „Gesundheit". Unternehmen oder Organisationen können ebenfalls Werte leben und repräsentieren. Kehren wir aber vorab erst einmal zum Lebensbereich „Ich" zurück.

Werte werden uns bereits im wahrsten Sinne des Wortes in die Wiege gelegt. Einem Baby, welches frisch auf die Welt kommt und komplett hilflos ist, bleibt zwangsläufig nichts anderes übrig, als darauf zu vertrauen, dass sich die Mutter oder die Sorgeberechtigten kümmern. Natürlich „hilft" das findige Neugeborene durch viele kleinere und größere Aktivitäten nach, mal lauter, mal leiser. Aber im Grunde besteht hier bereits ein großer Vertrauensvorschuss in die Fähigkeiten der Mutter bzw. der Sorgeberechtigten.

In unserer Kindheit ist das Urvertrauen in die Eltern und die nächsten Menschen, die uns umgeben, ebenfalls sehr stark. Auch der Glaube an das Gute im Menschen und das Vertrauen in die Richtigkeit von Aussagen sind während der Kindheit noch sehr präsent. Kleinkinder verstehen keinen Sarkasmus. Sie glauben das, was man ihnen sagt.

Im Verlauf unseres Lebens entstehen weitere Werte, wie das Verantwortungsgefühl für andere, aber auch Wertverluste, wie der Vertrauensverlust in andere, gar in die Menschheit an sich. Die Folgen sind Einsamkeit und Rückzug.

Insgesamt formt sich ein individuelles und durchaus flexibles Weltbild, welches von Werten und Erfahrungen geprägt wird.

## Eigene Werte definieren

Es ist durchaus sinnvoll, sich seine eigenen Werte genauer anzusehen und, als
weiterer wichtiger Schritt zur Selbstreflexion, eindeutiger zu definieren. Auch
dient es dazu, sich darüber klar zu werden, was man tun muss, um seine persönlichen Werte zu erfüllen. Denn dies kann bei einer Entscheidungsfindung
überaus hilfreich sein, ob im beruflichen oder privaten Bereich.

Um den eigenen Werten intensiver auf die Spur zu kommen, möchte ich Sie
gerne dazu einladen, die folgende Übung durchzuführen, auch wenn Sie der
Meinung sind, Ihre Werte bereits zu kennen und klar vor Augen zu haben (malen Sie in dieses Buch oder kopieren Sie die Übungsseiten, um anschließend auf
einem gesonderten Papier die Übung durchführen zu können).

### Übung

#### Eigene Werte definieren

Sie finden nachfolgend eine Auswahl an Werten aufgelistet, von denen einige für Sie
eine höhere Priorität haben als andere.
Bitte streichen Sie in einem ersten Durchgang die 70 Werte, welche für Sie aktuell
keine große Bedeutung haben. In einem zweiten Durchgang streichen Sie bitte 50
Werte, in einem dritten Durchgang 20 Werte.
Am Ende sollten zehn Werte übrig bleiben, die wir uns in einem späteren Schritt
nochmals eingehender ansehen werden.
Hierbei können sich Werte aus dem beruflichen und privaten Umfeld durchaus unterscheiden. Wählen Sie also einen Bereich, der Sie aktuell am meisten beschäftigt.

#### Werte

| | | | | |
|---|---|---|---|---|
| Abenteuer | Abwechslung | Achtsamkeit | Aktivität | Akzeptanz |
| Albernheit | Anerkennung | Angemessenheit | Anpassungs-fähigkeit | Anstand |
| Aufgeschlossen-heit | Aufopferung | Ausdauer | Ausgelassenheit | Bedachtsamkeit |
| Befreiung | Beliebtheit | Bescheidenheit | Bestätigung | Charme |
| Dankbarkeit | Direktheit | Diskretion | Disziplin | Dominanz |
| Durchsetzungs-fähigkeit | Effizienz | Ehre | Ehrgeiz | Ehrlichkeit |
| Eifer | Eigenständigkeit | Einfachheit | Einfluss | Einsamkeit |
| Energie | Erfolg | Erholung | Ernsthaftigkeit | Expertise |
| Fairness | Familie | Fantasie | Finanzielle Unabhängigkeit | Fleiß |
| Flexibilität | Freiheit | Frieden | Frohsinn | Frömmigkeit |
| Führung | Gastfreund-schaft | Gehorsam | Gelassenheit | Gemütlichkeit |
| Genauigkeit | Genuss | Gerechtigkeit | Geschwindigkeit | Geselligkeit |

| | | | | |
|---|---|---|---|---|
| Gesundheit | Glaube | Glück | Großzügigkeit | Gutmütigkeit |
| Harmonie | Hartnäckigkeit | Herausforderung | Herzlichkeit | Hoffnung |
| Höflichkeit | Humor | Hygiene | Intelligenz | Klarheit |
| Komfort | Können | Kontrolle | Konzentration | Kooperation |
| Kühnheit | Langlebigkeit | Lebendigkeit | Lebenskraft | Leistungsbereit-schaft |
| Leistungsfähig-keit | Liebe | Loyalität | Macht | Mitarbeiter-führung |
| Mitgefühl | Motivation | Neugier | Nützlichkeit | Offenheit |
| Optimismus | Ordnung | Organisation | Perfektion | Pflicht |
| Präsenz | Privatsphäre | Professionalität | Pünktlichkeit | Realismus |
| Reflexion | Reichtum | Reife | Respekt | Sauberkeit |
| Selbstbeherr-schung | Selbstlosigkeit | Selbstvertrauen | Sexualität | Sicherheit |
| Sinnlichkeit | Solidarität | Sorgfalt | Sparsamkeit | Spaß |
| Spiritualität | Spontanität | Stabilität | Stärke | Stille |
| Strenge | Struktur | Sympathie | Tapferkeit | Teamwork |
| Träumen | Treue | Überlegenheit | Umgänglichkeit | Unabhängigkeit |
| Vergnügen | Vernunft | Verständnis | Vertrauen | Vision |
| Vitalität | Wachsamkeit | Weisheit | Wildheit | Wissensdurst |
| Würde | Zufriedenheit | Zugehörigkeit | Zuneigung | Zuverlässigkeit |

## Auswertung

Beantworten Sie zur Auswertung nun die folgenden Fragen:
- Wie geht es Ihnen mit Ihrer Auswahl? Sind Sie zufrieden, erstaunt, bestätigt?
- Welche Werte spielen in Ihrem aktuellen Leben eine größere Rolle als andere? Hat sich vielleicht im Vergleich zur Vergangenheit etwas geändert?
- Welche Werte kommen „zu kurz"?
- Was bedeuten diese Werte für Sie?
- Gibt es in Ihrer persönlichen Liste Werte, die aktuell nicht erfüllt sind, die aber für Sie essenziell wären?
- Was müsste passieren, dass diese erfüllt werden?
- Was können Sie verändern, damit die „vernachlässigten" Werte wieder mehr integriert werden können?
- Welche Werte stehen in Konflikt untereinander oder zu anderen Menschen, die Ihnen nahestehen?

Nun haben Sie eine Liste mit zehn Werten erstellt, die für Sie aktuell von hoher Wichtigkeit sind. Können Sie aus dieser Liste nochmals zwei Werte herausnehmen, die für Sie derzeit absolute Priorität haben? Wenn Sie nur einen dieser Werte leben könnten: Welcher wäre es? Wenn Sie sich nicht zwischen Werten entscheiden könnten, stellen Sie sich die Werte in der Umsetzung vor und versuchen Sie anschließend nochmals zu priorisieren.

Und nun fragen Sie sich: Leben Sie diese ein bis zwei Werte? Wenn nein, warum nicht? Was müssten Sie ändern, um diese Werte leben zu können?

Werte sind häufig die einzige Stabilität, die uns ein offener Rahmen oder ein System geben kann. Es macht keinen Sinn, sich seiner Werte erst bewusst zu werden, um sie dann zu vergessen oder beiseite zu legen. Doch leider neigt der Mensch dazu, in vielen Dingen nachlässig zu sein. Das betrifft auch den Umgang mit den eigenen Werten: An einem Tag startet man voller Energie durch, am nächsten hängt man nur lustlos auf dem Sofa und kann sich zu absolut keiner fest vorgenommenen Tätigkeit bewegen. Auch die Umsetzung von Werten kann sich zwischen der Erwartung an einen selbst zu den Erwartungen an andere unterscheiden. Wenn „Zuverlässigkeit" für mich z. B. einen sehr wichtigen Wert darstellt und ich von meinem Umfeld erwarte, diesem Wert gerecht zu werden, dann sollte ich mich auch fragen: Werde ich meinem eigenen Wert ebenfalls gerecht? Oder erwarte ich dies immer nur von anderen?!

Der Hauptvorteil, seine eigenen Werte genau zu kennen, liegt im Gewinn einer Klarheit, welche jedem einzelnen ermöglicht, konsequente Entscheidungen zu fällen und diese Entscheidungen auch im Anschluss nicht mehr so schnell „aus den Augen" zu verlieren. Es geht darum, sich selbst in den Bereichen zu verbessern, die einem am Wichtigsten sind. Oder: Es geht um das „Streben nach dem persönlichen Glück".

Das Priorisieren Ihrer Werte können Sie in größeren zeitlichen Abständen wiederholen. Denn nicht jeder Wert wird in jedem Bereich Ihres Lebens gleich bleiben. Auch Wertvorstellungen verändern sich. Wenn Sie aber anfangen, ihre Werteliste bewusst wahrzunehmen und nach ihr zu leben, dann verändern Sie Ihr Verhalten und damit den Ablauf der Ereignisse um sich herum. Sie ändern das System und ggf. auch Ihre eigene Weltanschauung.

Nachdem wir uns mit Fragen nach dem „Wer bin ich" und „Was ist mir wichtig" beschäftigt haben, wollen wir uns in einem weiteren Schritt ansehen, was uns als Menschen bewegt.

### 3.2.3   Was treibt mich an?

Die Motivation ist ein treibender Faktor in unserem Leben. Wie wenn der Wind beim Segeln von hinten kommt. Motive sind Beweggründe für menschliches Handeln (▶ Abb. 3-4). Ohne persönliche und organische Motive stünde unser Leben still. Und dies fängt bei ganz basalen Bedürfnissen, sogenannten biogenen oder homöostatischen Motiven, an: Wenn ich Durst habe, laufe ich zum Kühlschrank und schaue, ob es etwas zu trinken gibt. Ist nichts da, ziehe ich mich an und laufe zum nächsten Kiosk, um mir wenigstens eine kleine Flasche Wasser zu holen. Sollte mir dabei einfallen, dass ich auch gar nichts zu essen habe, laufe ich weiter zum Supermarkt und kaufe gleich mehr ein. Wenn ich abends müde bin, suche ich mein Bett auf und lege mich hin. Meine Motive dahinter sind also: trinken, um meinen Durst zu stillen, essen, um meinen Hunger zu stillen, und schlafen, um meine Energiereserven aufzutanken.

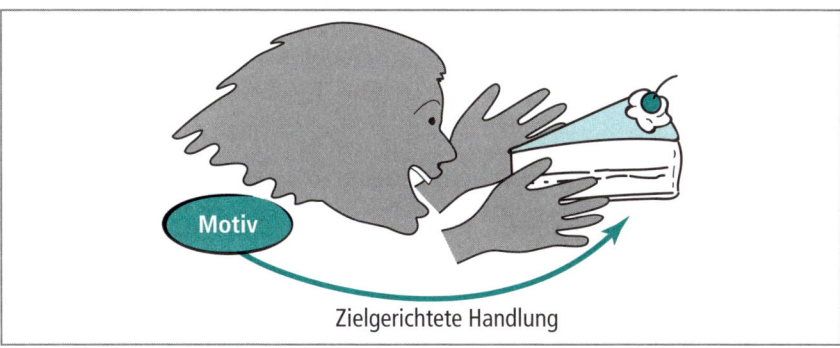

Motiv

Zielgerichtete Handlung

**Abb. 3-4** Motiv und zielgerichtete Handlung

Aber auch die Partnerwahl und der Umgang mit dem Nachwuchs folgen immer einem bestimmten (nichthomöostatischen) Motiv, und zwar dem Ziel, sich erfolgreich fortzupflanzen.

 Eine Motivation entsteht aus dem Bedürfnis heraus, ein bestimmtes Motiv zu befriedigen.

Die **Motivationspsychologie** beschäftigt sich somit mit zielgerichtetem Verhalten:
- Wozu oder weswegen wird eine bestimmte Handlung ausgeführt?
- Welches Ziel verfolgt eine Handlung?
- Welche Motive führen dazu, dass ich in ein aktives Verhalten übergehe?

Die **Volitionspsychologie** hingegen beschäftigt sich mit den Mechanismen, die zu zielgerichtetem motivationalem Handeln führen. Denn dies ist eine wichtige Frage: Wenn ich meine Ziele und Motive kenne, wenn ich womöglich Anreize habe, um auch von extern gesteckte Ziele zu erreichen, oder aber Absichten im Konflikt mit Gewohnheiten stehen. Wie erreiche ich sie dennoch? Aber dazu später mehr (▶ Kap. 3.3).

## Motive führen zu zielgerichtetem Verhalten

Um zielgerichtetes Verhalten zu zeigen, benötige ich ein Motiv. Dieses muss natürlich erst einmal stark genug sein, um mich überhaupt zum Bewegen zu bringen, also meine Motivation anzusprechen. Die Stärke von Motiven hat somit Auswirkungen auf Verhalten und Erleben sowie auch auf Dauer und Intensität der Handlung. Denn wenn ich etwas ganz dringend möchte, bin ich auch bereit, mehr Zeit und Energie zu investieren.

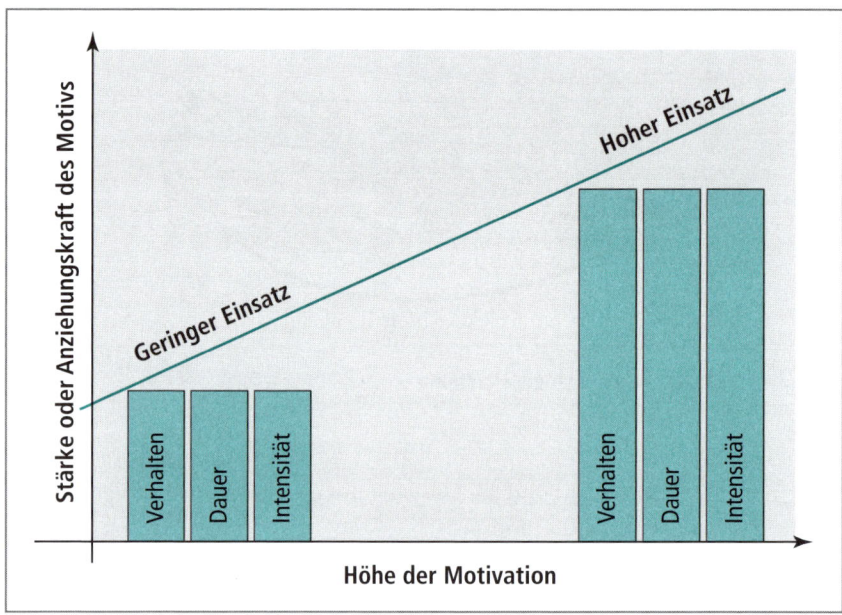

**Abb. 3-5** Zusammenhang zwischen Stärke des Motivs und Höhe meiner Motivation

Je stärker ein Motiv ausgeprägt ist, desto niedriger ist zudem die Schwelle der notwendigen Anreize, die man für die Aktivierung einer Handlung benötigt. Nehmen wir nochmals den Hunger, als basales Beispiel. Wenn ich Hunger habe, will ich essen (= Motiv). Wenn der Hunger schwach ist, dann kann ich noch warten (= geringe Motivation). Habe ich aber wirklich großen Hunger, dann gilt: Sofort (= hohe Motivation)! Dann bin ich auch bereit, Dinge zu essen, die mir vielleicht nicht so schmecken (= Schwelle des Anreizes) (▶ Abb. 3-5).

Ist das gewünschte Ziel erreicht, stellt sich ein Belohnungsgefühl ein, welches einen Lernprozess nach sich zieht. Dieser Prozess kann auch unbewusst stattfinden. Es folgt das Erlernen von Verhaltensweisen, welche wir im Nachhinein ggf. nicht mehr erklären können oder die sogar „aus dem Rahmen" fallen. Denn nicht immer sind wir uns über unsere grundlegenden Motive im Klaren.

Was wird anschließend passieren? Das Gehirn wird sich zukünftig automatisch stärker auf zielrelevante Informationen konzentrieren. Es findet ein selektives Filtern der Umwelt statt (▶ oben).

## Motivationssysteme

Motivation ist neben den oben angesprochenen biogenen und damit sehr natürlichen Motiven auf weiteren Systemen aufgebaut. Hierbei sind drei Motiva-

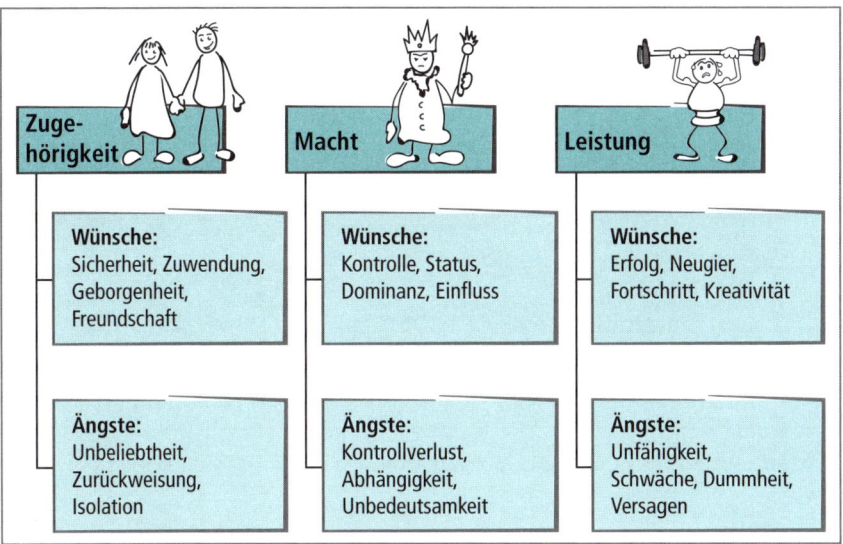

**Abb. 3-6** Grundmotive nach McClelland (1987)

tionssysteme von besonderer Bedeutung, da sie mehrfach unser tägliches Leben beeinflussen (▶ Abb. 3-6):

- Anschluss (das Bedürfnis nach Bindung und Zugehörigkeit)
- Macht bzw. Dominanz (das Bedürfnis nach Autonomie)
- Leistung (das Bedürfnis nach Kompetenz)

Ein in der Tiermedizin zusätzlich zu erwähnendes Motiv ist die Neugier bzw. der Explorationsdrang.

Motivationssysteme werden durch positive bzw. negative Reize aus der Umwelt aktiviert und führen beim Individuum zum Abwägen und Bewerten einer bevorstehenden Handlung. Sie können aber auch durch aktuelle Bedürfnisse oder Persönlichkeitsunterschiede voraktiviert sein. Fachlich spricht man hier auch vom **appetitiven und aversiven Motivationssystem** (▶ Abb. 3-7): Welche Motive ziehen mich an, welche treiben mich weg?

Nehmen wir als Beispiel das Anschlussmotiv. Dieses kann in appetitiver Form die Hoffnung auf Anschluss beinhalten: Ein guter Bekannter ruft an und lädt zum gemeinsamen Essen ein. Man weiß, dass sicherlich auch andere gute Bekannte kommen, und freut sich somit auf das gesellige Zusammensein am Abend. Man ist hoch anschlussmotiviert.

Anders hingegen die aversive Form, welche die Furcht vor Zurückweisung beinhaltet: Ein guter Bekannter ruft an und lädt zum gemeinsamen Essen ein. Man weiß nicht, wer kommt, wie viele es noch zusätzlich werden, und befürchtet, als „Neuer" in einen Kreis eintreten zu müssen, in dem man „nicht ankommt". Eine große Furcht vor Zurückweisung ist in diesem Menschen aktiviert und führt zu

**Abb. 3-7** Appetitives vs. aversives Motivationssystem

weniger sozialem Geschick, Überforderung in sozialen Situationen, Angst und Unsicherheit.

Je nachdem, welche Persönlichkeiten in dieser Situation stecken und welche Vorerfahrungen man mitbringt, wird das Anschlussmotiv in diesem Falle als aversiv oder appetitiv beurteilt.

Schauen wir uns die oben genannten relevanten Motivationssysteme nachfolgend etwas genauer an.

### Das Bedürfnis nach Bindung und Zugehörigkeit

 **Anschlussmotive** zielen auf soziale Bindung ab bzw. eine gegenseitige Befriedigung sozialer Nähe (Intimität).

Die phylogenetischen Wurzeln der Bindungsmotive sind Schutz in der Gruppe, Kooperation und Hilfe bei der Aufzucht und Betreuung des Nachwuchses. Hoch Bindungsmotivierte hatten in unseren früheren Jäger- und Sammlergruppen eine bessere Überlebenschance, nicht nur als Frau, wo man sich auf die Unterstützung bei der „Brutpflege" verlassen konnte oder das Bringen von Nahrung. Auch die heutige „Überlebenschance" ist bei hoch Bindungsmotivierten besser. Durch eine psychosoziale Anpassung erreicht man ein größeres Netzwerk, mehr positive Erfahrungen in der Gruppe, damit mehr Rückendeckung und am Ende mehr persönliche Stärke. Die Folgen sind weniger Gesundheitsprobleme und eine bessere „Stressresistenz".

Hoch Anschlussmotivierte sind integrativ und kooperativ, sie sind um den Zusammenhalt der Gruppe bemüht und haben wenig Furcht vor Zurückweisung. Sie sind aber auch schlechte Manager, weil es ihnen schwerfällt, unpopuläre Entscheidungen zu treffen und durchzusetzen.

Die andere Seite der Medaille ist nicht die Angst vor Anschluss, sondern, wie bereits erwähnt, die Furcht vor Zurückweisung. Diese Furcht geht einher mit einer höheren Sensibilität in der Bewertung anderer Menschen. Damit verbunden tritt eine Zurückhaltung bis hin zur offensichtlichen Distanzierung zu möglichen Gesprächspartnern auf. Im schlimmsten Falle führt diese Unsicherheit zu einer zusätzlichen Fehlbewertung (Signale werden als Zurückweisung interpretiert), welche die betroffene Person in der Entwicklung sozialer Bindungen hemmt und darüber hinaus soziale Interaktionen zu einem regelrechten „Stresserlebnis" werden lässt. Auch kann diese Unsicherheit zu einem Konfliktvermeidungsverhalten und einer Duldung führen. Anders als im ersten Fall, in welchem es häufig zu Rückzug und Distanzierung kommt, suchen Letztere durchaus auch aktiv Kontakt zu anderen Menschen, allerdings „ergeben" sich diese Personen aus Furcht vor Zurückweisung jedem Einfluss von außen, nur, um „gemocht" und „akzeptiert" zu werden. Auch diese Situation kann zu einem hohen persönlichen Stressempfinden führen, wobei in diesem Falle die Dauerhaftigkeit dieses (auch unterschwelligen) Stressempfindens zugunsten der sozialen Beziehungen akzeptiert wird.

Sie sehen, dass es vor allem im Bereich der Anschluss- bzw. Bindungsmotivation viele Facetten der Ausprägungsmöglichkeiten gibt: von den hoch anschlussmotivierten, die super mit jedem klarkommen, über die niedrig anschlussmotivierten, die lieber einzelgängerisch leben und damit mit sich selbst auch im Reinen sind, bis zu denjenigen, die keine feste oder „glückliche" Bindungen aufbauen können, weil sie schlicht nicht wissen wie. Durch Unsicherheit und Verspannung kommt es zu ggf. schlechten Erfahrungen und damit zu einer Erhöhung der Zurückweisungsfurcht.

### Das Bedürfnis nach Autonomie

Man kennt sie nur zu gut. Die cholerischen Chefs, die ausrasten, wenn einem als Angestellter Fehler unterlaufen, die „Kontrollfreaks", die jeden Schritt verfolgen und Aufgaben nicht delegieren können. Wer hat Macht? Wie nutzt man seine „Machtstellung" aus? Wie „dominant" ist mein Gegenüber und wer „kontrolliert" wen?

Die Begriffe „Macht und Dominanz" sind im alltäglichen Gebrauch eher negativ behaftet. Die Facetten der Macht und der Ausübung von Dominanz sind allerdings vielfältig und nicht immer nur negativ zu sehen. Auch Eltern üben eine gewisse Macht auf den Nachwuchs aus. Hier spricht man dann von „Erziehung". Und diese kann durchaus mit viel Liebe, Einfühlungsvermögen und Empathie vonstattengehen.

Max Weber, ein deutscher Soziologe und Nationalökonom, der 1920 verstarb, definierte Macht als „jede Chance, innerhalb einer sozialen Beziehung den eigenen Willen auch gegen Widerstreben durchzusetzen, gleichviel, worauf diese Chance beruht" (Schmalt u. Heckhausen 2010, S. 212). Man kann in diesem Satz also einen Durchsetzungswillen herauslesen. In der modernen Soziologie wird

Macht stets in einem sozialen Verhältnis gesehen. Auch Dominanz funktioniert nur in einem sozialen Gefüge. Wenden wir unseren Blick in die Tierwelt. Ob es sich um Familien handelt oder um Gruppen; um die Eigenschaften der Individuen zu unterscheiden, sprechen wir stets von Alpha- und Omegatieren sowie all denen in der „Mitte". Einer sitzt also „ganz oben" in der Hierarchie und alle anderen folgen. Warum ist das so? Nehmen wir eine Elefantenherde. Die Elefantenkuh, welche die Herde anführt, zeichnet sich durch Erfahrung und Klugheit aus. In einem Wolfsrudel hingegen zeichnet das Alphatier sicherlich auch Stärke und Strategievermögen aus. Aber stets bringen die Eigenschaften des „Führungstieres" einen Vorteil für die ganze Gruppe. Es geht hier also nicht um die Befriedigung der persönlichen Wünsche und Ziele, sondern um einen „Umweg": Wenn es meiner Gruppe/Herde gut geht, dann geht es mir auch gut, dann erreiche ich meine eigenen Ziele, dann kann ich meine eigene Fitness (als evolutionäres Ziel: ich gebe mein Genom an Nachkommen weiter) erfolgreich steigern (Schmitz 2014).

Ende der 1990er-Jahre wurden Schimpansengruppen durch King und Figueredo (1997) in zwölf Zoos unter anderem auf Macht- und Dominanzmotive beobachtet, um auf die evolutionäre Entwicklung des menschlichen Verhaltens Rückschlüsse ziehen zu können. Es überrascht nicht, dass der Dominanzfaktor eine wichtige Rolle in der Schimpansenpersönlichkeit spielt. Auch bei Menschen scheinen Macht und Dominanz nicht nur „dem Wohle der Gemeinschaft" zu dienen, sondern häufig eher dem Erreichen einer persönlichen Befriedigung durch die Anerkennung anderer. Hier geht es also tatsächlich um die Beeinflussung und Kontrolle anderer Menschen, um Verfügungsgewalt.

> **!** Das **Machtmotiv** zielt auf die Veränderung der Motivation anderer ab, es geht um eine Beeinflussung der Menschen um uns herum und/oder die Förderung der eigenen Stärke.

Um Macht ausüben zu können, benötigt man **Machtquellen**. Der Erwerb solcher Machtquellen ist durch bestimmte Ziele begründet, wie auch bei anderen Motivationssystemen. Je nachdem, welches Machtmotiv verfolgt wird, greift man entweder zu Drohung oder Süßigkeiten (Schmalt u. Heckhausen 2010, S. 214):

- die **Belohnung** als Machtinstrument (hier wären wir wieder bei den „Nettigkeiten, die das Leben versüßen können")
- eine **Zwangs- oder Bestrafungsmacht,** welche heutzutage eher unterschwellig in Gebrauch ist und stärker auf psychischer als auf körperlicher Ebene verwendet wird; typisch sind hier Mobbing-Fälle, das verbale „Runtermachen" durch die Chefetage oder ganz schlicht das Androhen der Kündigung
- die **legitimierte Macht,** welche in Hierarchien oder in öffentlichen Einrichtungen (z. B. Amtstierarzt) präsent ist
- die **Vorbildmacht,** die vor allem auf Kinder und Jugendliche großen Einfluss hat, aber auch auf Berufseinsteiger, die eng mit berufserfahrenen Personen

zusammenarbeiten; vor allem bei Kindern kann diese Vorbildmacht zu unschönen Ergebnissen führen, wie das Nachahmen von Gewalt, Trinken oder Zigarettenkonsum

- die **Expertenmacht,** die in der Tiermedizin ebenfalls präsent ist; allein auf Kongressen werden Kollegen stets damit konfrontiert, mal in sehr guten Vorträgen, mal zur eher kritischen Betrachtung, wie man in anschließenden Diskussionen erlebt; einer Expertenmacht folgt bei jüngeren Kollegen häufig auch eine Vorbildmacht
- die **Informationsmacht** als allgegenwärtige Macht; „Wissen ist Macht" – ja, es ist etwas dran, denn wer viel weiß, kann andere durchaus mundtot machen …

Personen unterscheiden sich in ihren Machtmotiven und darin, wie sehr sie machtthematische Ziele positiv bewerten. Wie eingangs schon beschrieben, gibt es durchaus einen Unterschied darin, wie Macht und Dominanz eingesetzt werden.

Eine **personalisierte** (Synonym: ungehemmte) **Macht** geht z. B. mit einer höheren Aggressivität einher. Sie korreliert mit dem intrinsischen Wunsch nach Macht, um sich selbst größer zu fühlen, und ist häufiger bei Männern als bei Frauen zu beobachten. Das Streben nach Dominanz ist nicht nur beim Menschen, sondern auch bei Säugetieren mit der verstärkten Ausschüttung von Testosteron verbunden; daher ist es nicht verwunderlich, dass diese Form der Macht eher bei Männern vorkommt, deren Testosteron-Konzentration im Vergleich zu Frauen drei- bis zehnmal höher ist (Müsseler u. Rieger 2017). Darüber hinaus steigt bei Personen mit starkem ungehemmtem Machtmotiv die Konzentration von Cortisol bei erlebter Niederlage, stellt also eine starke stressassoziierte Erfahrung dar.

Diese Form der Macht kann kurzfristig tatsächlich zum Erfolg führen, vor allem, weil solche Menschen anfänglich durchaus beliebt sind. Aber langfristig gesehen führt sie eher zur Isolation, da sich vielleicht durchaus hilfsbereit wirkendes Verhalten in herrisches wandelt und Kritik an der eigenen Person als Demontage der erreichten Machtstellung gesehen wird. Dieses egoistische Verhalten wird immer mehr vom Umfeld gemieden.

Das **sozialisierte** (Synonym: gehemmte) **Machtmotiv** hingegen ist eine „ruhigere" Form der Machtausübung. Bei diesen Personen ist das Machtmotiv zwar hoch, es dient allerdings nicht dem reinen Selbstzweck, sondern geht in eine eher altruistische Richtung mit einem höheren Verantwortungsbewusstsein für andere: Die eigene Macht wird zugunsten „der Gruppe" eingesetzt. Zur Ausübung dieser Form der Macht, welche eher mit sozialen Normen einhergeht, werden Berufe gewählt wie Lehrer, Geistliche, Psychologen – oder auch Ärzte. Mittels Anerkennung durch die Gesellschaft können solche Menschen sehr erfolgreich werden und höhere Positionen besetzen (Winter 1991).

**Fazit:** Macht und Dominanz müssen nicht immer in einem negativen Konzept betrachtet werden, sondern können, sofern verantwortungsbewusst eingesetzt, durchaus gesellschaftlichen Erfolg fördern (Müsseler u. Rieger 2017).

**Das Bedürfnis nach Kompetenz**

Mit dem Erreichen von „Ruhm und Ehre" hat das Leistungsmotiv eher weniger zu tun. Hier geht es tatsächlich um den intrinsischen Wunsch, seine eigenen Kompetenzen zu erweitern, zu fördern oder sich neue Kompetenzen anzueignen. Man fühlt sich also für die erreichten Ergebnisse verantwortlich, man erfährt Stolz bei Erfolg und Enttäuschung oder auch Scham bei Misserfolg.

Verständlichstes Beispiel ist hier das Erreichen der tierärztlichen Approbation. Als gestecktes Ziel muss man eine ganze Reihe Prüfungen absolvieren. Man vergleicht sich mit Kommilitonen oder legt seinen persönlichen Gütemaßstab in der Prämisse: „Bestehen, egal wie." Das Ziel ist dabei der erfolgreiche Abschluss des Studiums. Dass sich das Leistungsmotiv hierbei auch ins Negative drehen kann durch die Entwicklung einer teilweise schon pathologischen Prüfungsangst, zeigt sich inzwischen doch bei recht vielen Studierenden der Veterinärmedizin. Der „Leistungsdruck" wird begleitet von einer ausgeprägten Furcht vor Misserfolg und trägt damit zu einem erhöhten Stressempfinden bei Studierenden der Tiermedizin bei (Dilly 2016).

Das Leistungsmotiv beinhaltet somit ebenfalls zwei gegensätzliche Komponenten:

- die Hoffnung auf Erfolg
- die Furcht vor Misserfolg

Erfolgsmotivierte und misserfolgsvermeidende Menschen unterscheiden sich darin, welche Schwierigkeitsgrade sie bevorzugen und wo sie die größte Ausdauer und Anstrengung zeigen. Dies ist auch interessant für Arbeitgeber, wenn sie es mit Berufseinsteigern zu tun haben, aber natürlich auch zur Selbstreflexion. Hierbei kann die Ausdauer in verschiedenen Formen auftreten: zum einen als tatsächliche „Dauer", in welcher einer Beschäftigung nachgegangen wird, zum anderen, ob eine unterbrochene Aufgabe oder eine misslungene Handlung wieder aufgenommen und damit fortgeführt wird. Auch die langfristige Bestrebung, ein Ziel zu erreichen, fällt unter den Begriff der Ausdauer (Heckhausen u. Heckhausen 2010).

Der gewählte Anforderungsgrad und damit die Anstrengung, mit welcher man ein Ziel erreicht bzw. erreichen möchte, korreliert außerdem mit dem Streben nach Erfolg oder der Vermeidung von Misserfolg.

**Erfolgsmotivierte** wählen z. B. bevorzugt mittelschwere Aufgaben, also Aufgaben, welche im Vergleich zu früheren Aufgaben leicht über dem persönlichen Niveau liegen und damit durchaus persönlich anspruchsvoll sind. Bei diesen strengen sie sich maximal an und zeigen maximale Ausdauer. Dadurch stellt sich in den meisten Fällen ein Erfolg ein, der dazu motiviert, weiterzumachen und sich ggf. auch an einem „höheren Level" auszuprobieren. Erfolgsmotivierte zeichnet eine Zuversicht aus, mit ihrer eigenen Tüchtigkeit und Ausdauer erfolgreich neue Kompetenzen zu erwerben und bestehende zu verbessern.

**Misserfolgsvermeidende** hingegen meiden generell leistungsbezogene Aufgaben, mittelschwere Aufgaben lösen sie mit minimaler Anstrengung und Ausdauer. Sie sind in ihren Aktionen eher gehemmt. Interessanterweise wählen Misserfolgsmotivierte aber auch hin und wieder Aufgaben, die ihre Leistungsfähigkeit weit übersteigen – und werden in ihrer Furcht vor Misserfolg natürlich bestätigt. Gemessen an den eigenen Fähigkeiten neigen Misserfolgsmotivierte zudem dazu, Berufe zu wählen, die sie entweder unter- oder überfordern. Hingegen wählen Erfolgsmotivierte zu 94 % Berufe, die ihrer Leistungsfähigkeit in realistischem Maße entsprechen.

Für die Bewertung von Erfolg und Misserfolg ist auch die **Ursachenzuschreibung** wichtig:

- Bin ich selbst schuld?
- Gibt es eine externe Ursache?
- Liegt es an meiner eigenen Fähigkeit und Ausdauer oder war der Schwierigkeitsgrad zu hoch bzw. zu niedrig?
- Hatte ich einfach nur Glück oder Pech?!

Diese Bewertungen beeinflussen zusätzlich die Erfolgserwartung und die Effekte nach Erfolgen und Misserfolgen, wobei sich hierin auch Erfolgs- von Misserfolgsmotivierten unterscheiden. Wo Erfolgsmotivierte im Erfolg eine Begabung sehen sowie das Ergebnis des eigenen Ehrgeizes und Einsatzes, sehen sie im Misserfolg den Mangel der eigenen Anstrengung. Dennoch wird einem Misserfolg nicht so viel Gewicht zugeschrieben wie einem Erfolg.

Misserfolgsmotivierte neigen eher dazu, Erfolg als Glück abzutun und Misserfolg als mangelnde Begabung. Die Furcht vor Misserfolg führt damit unweigerlich zu einer negativen Selbstbewertung mit folgender unrealistischer Zielsetzung, abträglichen Ursachenzuschreibungen und einem nochmals verstärkten negativen Selbstbild durch den bestätigten Misserfolg. Ein Teufelskreis.

Misserfolgsmotivierte Menschen benötigen somit viel Kraft und ein gutes Programm, welches ihnen dabei hilft, wieder ein positives Selbstbild zu erhalten. Und jeder Arbeitgeber, der sich mit solch einer Person schon intensiver beschäftigt hat, ist sicher das eine oder andere Mal ins Staunen gekommen, was in diesen Menschen stecken kann, wenn man sie nur richtig fördert und fordert. Bei den einen muss man etwas tiefer graben, andere kann man kaum bremsen in ihrem Wunsch, etwas zu lernen (wobei hier auch der durchaus übermotivierte Praktikant gemeint sein kann, der sich noch nicht einmal mit diskussionswürdigen Fragen oder Aktionen bremst, wenn die Patientenbesitzer dabei sind).

> **!** Das **Leistungsmotiv** wird in Situationen wirksam, in denen man sich an einem Gütemaßstab messen kann. Die Leistungsmotivation ist der Motor für Kompetenzerwerb und deshalb besonders praktisch in sich ändernden Umwelteinflüssen.

**Neugier bzw. Explorationsverhalten als weiteres Motiv**

Ziel des Neugiermotivs ist, das Erregungsniveau zu optimieren. Neugier steuert Explorationsverhalten und Informationssuche. Sie dient dem Erwerb von Wissen, das zum erfolgreichen Handeln notwendig ist. Neugier gilt als Motor kognitiver Entwicklung und ist daher auch sehr eng mit dem Leistungsmotiv und dem Kompetenzerwerb zu sehen. Man könnte daher auch von „Kompetenzmotivation" sprechen. Manche Autoren gehen sogar davon aus, dass das Leistungs- und Neugiermotiv auf den gleichen evolutionsbiologischen Wurzeln beruhen (Müsseler u. Rieger 2017), denn ohne Explorationsverhalten kein Informationsgewinn sowie, etwas weiter gefasst, das Ausschöpfen von potenziellen Ressourcen.

Der Gegenspieler von Neugier ist, wie auch in den vorherigen Fällen, die Furcht. Wo die Neugier nach vorne treibt, wirkt die Furcht hemmend und bremsend. Anreize, die Neugier auslösen, können zeitgleich auch Furcht einflößen (häufig bei frisch approbierten Tierärzten). Welches Gefühl in dem jeweiligen Augenblick stärker ist (appetitiv oder aversiv), bestimmt die Reaktion des Individuums (Vorwärtsreaktion oder Rückzug).

## 3.3     Selbstmanagement: Eigene Handlungen positiv beeinflussen

Je besser ich meine Bedürfnisse nach Autonomie (Macht und Dominanz), nach Kompetenz (Leistung) und nach Verbundenheit mit anderen (Bindung) für mich befriedigen kann, desto glücklicher bin ich mit meiner Arbeit und meiner Umwelt. Es folgen mehr Engagement und Leistung und damit verbunden wieder eine höhere Zufriedenheit, weil Ziele schneller und besser erreicht werden. Man fühlt sich sozusagen auf dem „aufsteigenden Ast". Interessant dabei ist, dass viele Ziele, die unsere Motive und Werte beinhalten, unbewusst gesetzt und durchgeführt werden. Diese fallen einem leicht, man „erledigt" sie quasi „nebenbei". Natürlich kann man sich selbst auch bewusst Ziele stecken, aber diese müssen so gewählt werden, dass sie mit den eigenen Werten, Motiven und auch dem Charakter, der Leistungsfähigkeit, den Kompetenzen und der eigenen Leistungsbereitschaft konform gehen. Sonst kann es passieren, dass man auf solch große Hindernisse stößt, dass man am Ende gesteckte Ziele nicht erreicht.

Je „unpassender" ein gesetztes Ziel ist, desto schwerer wird es, die Motivation dauerhaft aufrechtzuerhalten. Ohne geeignete Anreize scheitert der Erfolg am mangelnden Durchhaltevermögen.

Wie sieht es aber aus mit den vielen Menschen, die ihre Erfüllung gefunden haben obwohl sie davor Enttäuschungen erlebten? Wie lernt man, wieder aufzustehen und weiterzugehen, wenn man „auf die Nase gefallen" ist? Das schafft nicht jeder und schon gar nicht „einfach so". Es ist ein erstrebenswertes Ziel und stellt ein starkes Motiv dar, seine persönliche Erfüllung und damit sein Glück zu finden. Viele hegen den Wunsch, „einfach nur glücklich" zu sein. Aber wie kommt man dahin?

Rosa Maria Puca und Julia Schüler (2017) beschreiben Ziele wie folgt: „Ziele lassen sich nach verschiedenen Aspekten kategorisieren, z. B. nach ihrer Hierarchieebene, ihrem Abstraktionsgrad, ihrer Zeitperspektive oder danach, ob sie darauf gerichtet sind, etwas zu erreichen, oder darauf, etwas zu verhindern. Bewusst gesetzte Ziele sind wie unbewusst verfolgte Ziele hierarchisch geordnet. Das bedeutet, dass das Erreichen von Zielen auf niedrigeren Hierarchieebenen dem Erreichen von Zielen auf höheren Ebenen dient. Übergeordnete Lebensziele (z. B. einen interessanten und einträglichen Beruf zu ergreifen) fächern sich so weit in hierarchisch niedrigere Ziele geringerer Komplexität (Bestehen einer Zwischenprüfung, Examensarbeit etc.) auf, bis es zur Formulierung konkreter Anliegen (Halten von Referaten, Literaturrecherche) kommt, die letztlich konkretes Verhalten in Gang setzen. […] Ziele können mit einem unterschiedlichen Grad an Selbstverpflichtung und Einsatzbereitschaft verfolgt werden. Die Dringlichkeit, mit der eine Person ein Ziel verfolgt und auch angesichts von Schwierigkeiten beibehält, wird als Zielbindung oder Commitment bezeichnet." (Puca u. Schüler 2017, S. 241)

Wenn Sie nun alles zusammenfassen, was Sie bisher gelesen haben, können Sie hoffentlich etwas klarer sehen, was Ihnen wichtig ist und was Sie ggf. aktuell antreibt, sprich, welches Motivationssystem derzeit bei Ihnen vorherrscht. Um diese Erkenntnisse nochmals zu festigen, betrachten Sie erneut die Grundmotive (▶ Abb. 3-6) und nehmen Sie sich auch Ihr Werte-Blatt vor:

- Können Sie Ihre persönlichen Motive kategorisieren?
- In welche „Rubriken" würden Sie sich einordnen?

Sehen Sie diese persönliche Einordnung bitte komplett objektiv. Es ist eine Feststellung. Sie sollten sich nicht für das mögliche Ergebnis bewerten.

Das ist ja schön und gut, werden Sie vielleicht denken, aber was fange ich nun mit all dieser Erkenntnis an? Kann ich nun mögliche Ziele besser erreichen, wenn ich meine Motive und Werte kenne?

Und hier kommen wir zur **Volitionspsychologie**, die sich mit dem „Wie" beschäftigt:

- Wie kommt eine Person zur Umsetzung einer Motivation?
- Welchen Weg wählt sie?
- Welche Handlungen werden begonnen und ausgeführt, die zur Zielverwirklichung führen?
- Wie wird die Handlung bis zur Zielverwirklichung aufrechterhalten?

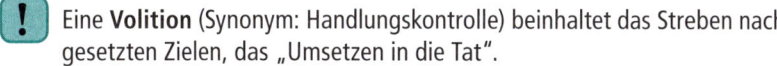 Eine **Volition** (Synonym: Handlungskontrolle) beinhaltet das Streben nach gesetzten Zielen, das „Umsetzen in die Tat".

Handlungsphasen können hierbei in die folgenden vier Rubriken eingeteilt werden (Heckhausen u. Heckhausen 2010):
- Abwägung (Realisierbarkeit, Zielintention)
- Intention und Planung (Commitment)
- aktive Handlung
- anschließende Bewertung

Das **Abwägen** einer Handlung (die Motivation) führt zur Bildung einer **Intention,** welche geplant wird (Volition präaktional). Die Intentionsinitiierung führt zu einem **aktiven Handeln** (Volition aktional) bis zum Erreichen des geplanten Ziels. Die Umsetzung eines Plans (präaktionale Phase) kann nicht immer zeitnah erfolgen, z. B. wenn man sich mehr „Zeit für Familie" nehmen möchte. Manchmal muss man auf den „richtigen Zeitpunkt" warten oder andere Aufgaben stehen noch im Weg, bevor man tatsächlich an die Umsetzung gehen kann. Man kann hier auch von „Vorsätzen" sprechen. Die eigentliche Handlung kann aber in dieser Phase durchaus schon vorbereitet werden. Auch während der aktiven Umsetzung des Zielvorhabens kann es zu Hindernissen und Unterbrechungen kommen. Ob ich meine „Richtung" wieder aufnehme, hängt dabei stark von der Gewichtigkeit des Ziels ab. Dieses beharrliche Verfolgen eines gefassten Plans korreliert somit direkt mit der persönlichen Durchsetzungsfähigkeit und -bereitschaft.

Im Anschluss an die Handlung und damit nach Erfüllung des persönlichen Plans kommt es zu einer Deaktivierung und einem **Bewerten** der Aktion (Motivation postaktional): Wie habe ich das Ziel erreicht? Habe ich die Aufgabe für mich erfolgreich gelöst? Ist das, was ich erhofft habe eingetreten? Würde ich es beim nächsten Mal wieder so machen?

Löst das erreichte Ziel nicht die erhoffte persönliche Befriedigung aus, so muss man ggf. neu abwägen und planen und sein „neues" Ziel „höher stecken". Oder aber man reduziert seinen Anspruch und gibt sich am Ende mit dem zufrieden, was man erreicht hat.

Menschen unterscheiden sich in Ihrer Volition und damit in der Durchführungskraft von Handlungszielen. Hindernisse erscheinen als Ablenkungen, als Unsicherheiten, als Schwierigkeiten oder sogar als Blockaden, eine beabsichtigte Handlung umzusetzen. Somit erscheint „der richtige Zeitpunkt", wie oben angesprochen, „nie zu kommen". Aus vielen Lebenslagen ist dies bekannt: ob man sich immer erst einen Ruck geben muss, um die Küche mal wieder aufzuräumen oder zu saugen, ob man vier Wochen an einer Sache arbeitet, diese dann scheitert und man ewig braucht, um sich davon zu erholen. Ob man sich ständig mit drei Sachen gleichzeitig beschäftigt statt mit einer Sache richtig, weil man eigentlich dieser „einen Sache" davonläuft und Ausreden sucht, sie nicht durchzuführen.

Bei den volitionalen Handlungsphasen geht es daher nicht nur um die zielgerichtete Umsetzung einer Aktion oder das Abwarten eines „richtigen Zeitpunkts", sondern auch um die „Fähigkeit, kurzfristigen Versuchungen zu widerstehen, Belohnungen aufzuschieben und impulsive Reaktionen zu unterdrücken, um das eigene Verhalten in Einklang mit langfristigen persönlichen Zielen, sozialen Normen oder moralischen Werten zu bringen" (Goschke 2017, S. 253). Man könnte hierbei also auch von „persönlicher Konsequenz" sprechen.

Wichtig bei all diesen Hindernissen ist, das Ziel nicht aus den Augen zu verlieren, sich zu fokussieren und, um Misserfolge zu vermeiden, kleine Schritte zu gehen. Eine weitere hilfreiche Stärkequelle auf dem Weg zum persönlichen Ziel (und tatsächlich Ihr persönliches Ass im Ärmel) sind **Ressourcen** (▶ Kap. 3.3.2). Aktiviert man diese mit ein wenig Übung, sieht der eine oder andere steinige Pfad bereits viel freundlicher aus.

## Übung

### „Status quo"

Nehmen Sie ein Blatt Papier und einen Stift. Schreiben Sie oben rechts in die Ecke das heutige Datum und beantworten Sie anschließend die folgenden Fragen:

**Mein Privatleben**
1. Wo stehe ich gerade privat?
2. Wie zufrieden bin ich mit meinem privaten Leben auf einer Skala von 1–10?
3. Möchte ich etwas ändern? – Ja/Nein
4. Wenn ja, was genau?
5. Was kann ich tun, um das zu erreichen? Welche Ressourcen stehen mir zur Verfügung?
6. Was wäre der nächste Schritt?
7. Wo sehe ich mich in einem halben Jahr, in einem Jahr und in fünf Jahren?

**Mein Berufsleben**
1. Wo stehe ich gerade beruflich?
2. Wie zufrieden bin ich mit meinem beruflichen Leben auf einer Skala von 1–10?
3. Möchte ich etwas ändern? – Ja/Nein
4. Wenn ja, was genau?
5. Was kann ich tun, um das zu erreichen? Welche Ressourcen stehen mir zur Verfügung?
6. Was wäre der nächste Schritt?
7. Wo sehe ich mich in einem halben Jahr, in einem Jahr und in fünf Jahren?

Die Antworten könnten z. B. (fiktiv) so aussehen (für den beruflichen Part):
1. Ich arbeite nun seit fünf Jahren für die gleiche Praxis, wollte mich aber eigentlich schon längst auf Augenheilkunde spezialisieren.
2. 3.
3. Ja!
4. Ich möchte mich auf Augenheilkunde spezialisieren!

5. Ich muss mich fortbilden.
6. Ich melde mich für den Augenkurs an der Uniklinik an.
7. Wenn ich nichts ändere, genau da, wo ich jetzt bin. Wenn ich mich fortbilde, dann in einem halben Jahr noch in dieser Praxis, aber in einem Jahr entweder in dieser Praxis mit eigener Sprechstunde oder in einer anderen.

In dem vorliegenden Beispiel ist somit die Zielsetzung: In einem Jahr habe ich meine eigene Augen-Sprechstunde. Wenn nicht hier, dann bewerbe ich mich woanders als Spezialist.

**Tipp:** Wenn Sie sich etwas vornehmen, dann versuchen Sie, den ersten Schritt innerhalb von 48 Stunden umzusetzen (ob konkrete Vorbereitung oder erste aktive Handlung; ▶ SMARTe Ziele, Kap. 4.1.2, Abb. 4-4).

**!** Kennen Sie Ihre persönlichen Motivatoren, fällt es leichter, sowohl eigene Verhaltensweisen zu deuten als auch Ressourcen gezielt und damit gewinnbringend einzusetzen.

### 3.3.1 Sonderfall Perfektionismus

Ganz typisch für Tierärzte ist eine sehr hohe Selbsterwartung, die bereits viele ab dem Studium zu begleiten scheint: Da zählt nicht, dass man Testate besteht, nein, bei einer Frequenz von bis zu zwei Testaten pro Woche erwartet man von sich selbst, dass man sie auch sehr gut bis (mindestens) gut besteht! (Ich hoffe, mein Sarkasmus ist deutlich …).

Auch wenn das Thema Perfektionismus später im Buch nochmals angesprochen wird, möchte ich es vorab kurz ansprechen. Denn hier geht es um die Frage: Erreiche ich mit Perfektionismus eine Umsetzung meiner Motive und Werte?

Bis zu einem gewissen Grad ist Perfektionismus berufsfördernd, aber das Problem bei helfenden Berufen insgesamt ist, dass man immer von sich selbst erwartet, das Beste zu geben und dabei möglichst keine Hilfe anzunehmen. Sind wir also alle Perfektionisten?

Perfektionismus – was ist das eigentlich? Eine übertriebene Akribie? Das fehlende Eingeständnis eigener Fehler? Vielleicht eine Spur Ignoranz, dass auch mal etwas falsch gemacht werden kann?

Eine einheitliche Definition für „Perfektionismus" gibt es nicht.

Für mich gibt es zwei Arten von Perfektionismus: einen „gesunden" und einen „ungesunden" Perfektionismus (▶ Abb. 3-8).

Beim **„gesunden" Perfektionismus** liegt mein Streben darin, eigene Motive und Werte zur eigenen Zufriedenheit umzusetzen. Dieser Zufriedenheitsgedanke ist mit einem persönlichen Gütemaßstab verbunden, der bei jedem anders aussieht. „Perfekt" kann für den einen bedeuten, dass ein Badezimmer z. B. aufgeräumt und sauber ist. Für jemand anderen ist das Bad erst „perfekt", wenn

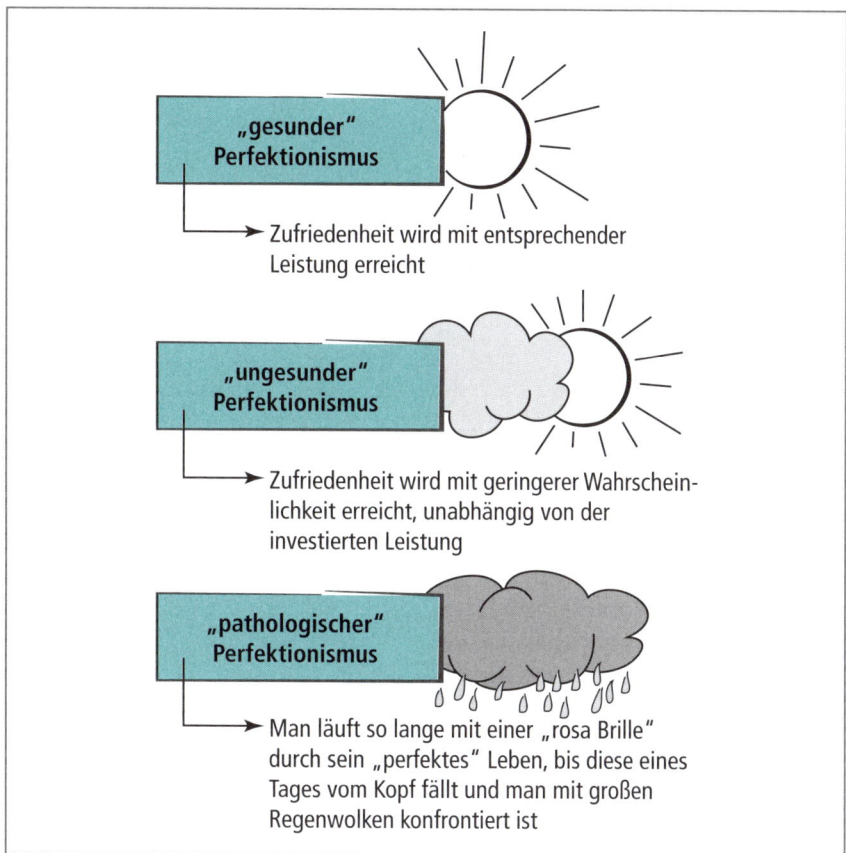

**Abb. 3-8** Perfektionismus im positiven und negativen Sinn

man jede Ecke mit DanKlorix gereinigt hat. Was ist mit unserem Leben? Für den einen ist es „perfekt", wenn man zwei gesunde Kinder zur Welt gebracht hat und in einer glücklichen Ehe lebt. Für jemand anderen ist es erst „perfekt", wenn dazu noch der zweite Audi vor der Tür steht und das Haus einem Palast gleicht. Dennoch gehört dies für mich alles zu „gesundem Perfektionismus", welcher eher eine positive und zielstrebige Lebensweise darstellt, auch in Verbindung mit einer erhöhten Leistungsmotivation.

Ein **„ungesunder" Perfektionismus** ist vermutlich das, was viele unter „Perfektionismus" verstehen. Es ist die übertriebene Akribie, mit der Ziele verfolgt werden. Die Wahrscheinlichkeit, am Ende mit dem erreichten Ergebnis zufrieden zu sein, ist minimal. Meist findet man doch noch etwas, was „besser" sein muss.

Der „gesunde" Perfektionismus strahlt eher Optimismus und Lebensfreude aus, wohingegen der „ungesunde" Perfektionismus Angst und Zwang verbreitet.

Wenn man nicht perfekt ist, wird man zurückgewiesen. Wenn man nicht perfekt ist, scheitert man. Oder wie Winston Churchill einmal treffend formulierte: „Perfektion ist Lähmung." Denn genau das ist dieser „ungesunde" Perfektionismus: Er ist lähmend und er verschwendet sehr viel unserer kostbaren Zeit.

Vielleicht machen Sie sich also an dieser Stelle einmal selbst Gedanken darüber, was „Perfektion" für Sie bedeutet.

Man muss ohne Neid eingestehen, dass es Menschen gibt, die scheinbar mühelos ihre Ziele erreichen. Ohne größere Schwierigkeiten. Da scheint niemand zu sein, der ihnen Steine in den Weg legt. Sie machen Karriere mit einem Lächeln. Blöderweise scheinen „wir" nie diese Art Mensch zu sein, sondern immer nur „die anderen". Und das Schlimme daran: Genau diese Menschen neigen eben nicht unbedingt zum Perfektionismus. Zwar zeigen Perfektionisten durchaus eine hohe Leistungsbereitschaft sowie Durchsetzungsfähigkeit, aber ausgerechnet im Berufsleben klappt es nicht immer mit diesem speziellen Charakterzug (Janson 2009).

Perfektionismus und eine damit verbundene hohe Selbsterwartungshaltung sind leider – oder zum Glück? – nicht unbedingt gleichzusetzen mit beruflichem Erfolg und/oder Karriere. Für jeden bedeutet „beruflicher Erfolg" subjektiv etwas anderes: Für den einen muss es der Diplomate-Titel sein, für den anderen die eigene Kleintierpraxis um die Ecke. Und für einen Dritten vielleicht, dass man genau so viel Geld verdient, dass man einmal im Jahr ein neues Land erkunden kann: Thailand, Südamerika, Norwegen.

Wie ist das nun also mit dem Perfektionismus? Jeder Mensch neigt dazu, nach Anerkennung zu streben. Jeder möchte seine Sache richtig und ordentlich machen. „Ungesunde" Perfektionisten aber zeigen diese Züge in übertriebener Form und machen sich damit den Alltag unnötig schwer durch eine hohe Erwartungshaltung sich selbst und auch anderen gegenüber. Wird diese „Höchstleistung" dann nicht erreicht, ist die Schwelle zur Enttäuschung, zu Ärger, Kritik an anderen und zu Frustration insgesamt recht hoch und führt zwangsläufig schneller zu Unzufriedenheit, als wenn diese Schwelle niedriger ist. Woher kommt das?

Negative Erfahrungen jeglicher Art sind frustrierend, teils auch sehr verletzend. Wir haben diese Ängste vor Zurückweisung, Isolation oder auch das Gefühl von Dummheit bereits bei den Motiven kennengelernt (▸ Kap. 3.2.3). Wer schwerer Kritik ausgesetzt wird oder wurde oder wer immer nur das Gefühl hatte, „erkannt" zu werden, wenn Leistungen überdurchschnittlich sind oder waren, der entwickelt mit der Zeit ein paar „Tricks", um den Frust zu verarbeiten: Man erschafft sich eine Welt, in der nur positive Erlebnisse und Ergebnisse Platz haben. Alles Negative wird ausgeblendet. Dies kann bis hin zu einer krankhaften Idealisierung gehen, in welcher Menschen ihre eigene perfekte Welt um jeden Preis aufrechterhalten wollen und somit nicht mehr die Fähigkeit haben, angemessen auf das reale Leben zu reagieren. Dies fällt schon fast nicht mehr in die Kategorie „ungesunder" Perfektionismus, sondern **„pathologischer" Perfektionismus** (▸ Kap. 5.4.2, Perfektionismus).

Als Konsequenz auf diesen extrem ausgebildeten Perfektionismus werden Konflikte gemieden, ein grauenhafter Arbeitsplatz wird schöngeredet, es wird die Illusion aufrechterhalten, man hätte alles unter Kontrolle, solange man noch Lob vom Chef bekommt oder die Zahlen der Buchhaltung stimmen (manchmal aber sogar nicht mal mehr das, dann fragt man einfach nicht mehr danach). Erst wenn das Kartenhaus komplett zusammenfällt, dann dämmert es manch Perfektionisten, dass vielleicht doch etwas nicht so geklappt hat, wie man es sich gewünscht hätte. Und dann kann es durchaus sein, dass genau diese Menschen tief fallen. Es folgen Selbstzweifel und Minderwertigkeitsgefühle. Oder aber die Gründe des Versagens werden bei anderen gesucht, man hat eine Wut auf die Welt, auf andere Menschen, denn man selbst hat ja keine Fehler begangen (Janson 2009)!

Alle Perfektionisten müssen sich irgendwann über eines im Klaren sein: Es kann nicht immer alles glattgehen, nicht alle Menschen können uns mögen und kein Mensch auf dieser Erde ist fehlerfrei. Man muss also lernen, mit größeren und kleineren frustrierenden Erlebnissen umzugehen, ob schon als Kind oder später als Erwachsener.

### 3.3.2 Ressourcen gegen Frustration und Scheitern

Es ist ein langer, oft holpriger und umständlicher Weg, sein eigenes Glück zu finden, erfolgreich in Beruf und Familie zu sein oder einfach nur „eins" mit sich selbst. Unabhängig davon, wie der Kontext, die Werte oder die Motive aussehen. Wer sich selbst gut kennt, weiß am besten, was einem guttut, was einen „auf den Boden der Tatsachen" bringt, wenn man mal wieder den eigenen Pfad verloren hat. Man weiß, was notwendig ist, um sich nicht mehr wie ein Brummkreisel um sich selbst zu drehen. Je besser man sich selbst kennt, desto eher kann man auch mal eine Zeit lang „am Limit" laufen, wenn notwendig, ohne in einen Sumpf zu geraten.

Aber auch wenn man sich viel mit sich selbst beschäftigt, sich erforscht, vielleicht auch durch das bisher Gelesene neue Erkenntnisse gesammelt hat, bedarf es manchmal weiterer kleiner Tricks, um den tatsächlichen Knackpunkt zu erkennen. Oder um echte Ressourcen zu aktivieren, die uns stärken und erfreuen.

Ein kleiner Schritt, bereits mental dieses Glücksgefühl zu spüren, ist die folgende Übung.

### Übung

#### Das Leuchten der Erinnerung

Diese Übung können Sie allein oder zu zweit durchführen. Sind Sie allein, bitte ich Sie, sich einen Stift und ein Blatt Papier zu nehmen. Die Antworten sollten möglichst ausführlich aufgeschrieben werden. Sind Sie zu zweit, haben Sie die Möglichkeit, die Augen zu schließen, um sich besser in die Situation zu begeben, während die zweite Person die untenstehenden Punkte vorliest. Sie können sich natürlich auch hinlegen oder gemütlich auf dem Sofa ausbreiten. Probieren Sie es aus. Diese Übung darf gern auch wiederholt werden!

- Versuchen Sie, sich vorab von jeglichen Gefühlen frei zu machen. Konzentrieren Sie sich auf sich selbst.
- Schließen Sie die Augen und stellen Sie sich eine Situation vor, in welcher Sie vollauf glücklich oder erfolgreich waren. Es spielt keine Rolle, ob diese Situation erst kürzlich war oder bereits ein paar Jahre her ist.
- Konnten Sie sich in diese Situation einfügen, stellen Sie sich bitte konkret und ausführlich die Umgebung vor, in welcher diese Situation stattfand:
  - Waren Sie draußen oder drinnen?
  - Waren Menschen anwesend? Wenn ja, was hatten sie an? Wie sahen sie aus?
  - Gab es besondere Personen, die dabei waren?
  - Waren Tiere dabei? Wenn ja, welche und aus welchen Gründen?
  - Was konnten Sie fühlen, hören, riechen, schmecken?
- Nun beantworten Sie für sich selbst die folgenden Fragen:
  - Warum waren Sie dort?
  - Was haben Sie konkret getan?
  - Wie hat es sich angefühlt, das zu tun, was Sie getan haben?
  - Welche Emotionen waren involviert?
  - Was gelang Ihnen hier besonders gut?
  - Was war Ihnen in diesem Moment wichtig?
  - Warum haben Sie das alles getan?
  - Wer waren Sie in diesem Moment?
  - Was meinen Sie, was andere in diesem Moment über Sie gedacht haben?
  - Gibt es etwas oder jemanden, mit dem Sie sich in diesem Moment besonders verbunden fühlten?
  - Gibt es ein Symbol oder eine Farbe, welche die Situation für Sie beschreiben? Wenn ja, dann malen Sie dieses Symbol oder diese Farbe bitte auf und verweilen Sie noch einen Augenblick in Ihrem persönlichen „Licht".

Vielen Dank für's Mitmachen. Ist es Ihnen schwergefallen, sich in einer positiven Situation und Emotion wiederzufinden? Das macht nichts. Beim ersten Mal fällt es uns häufig schwerer. Aber nehmen Sie die positiven Emotionen mit, die sich vielleicht nur vage abgezeichnet haben, und versuchen Sie es erneut und immer wieder. Irgendwann wird es Ihnen leichter fallen.

Und dann können Sie diese Übung des Lichterjagens mit einem weiteren Trick „beständiger" und noch leichter abrufbar durchführen: Wenn Sie am Ende Ihr persönliches Symbol oder Ihre Farbe täglich am Körper tragen (z. B. als einfaches Farbband bis hin zum Anfertigen eines Schmuckstücks mit dem eigenen Symbol), so können Sie auch in stressigen Momenten jederzeit einen Blick auf Ihr persönliches „Licht" werfen (ja, Sie können sich auf Ihr „Licht" positiv konditionieren …).

Was war der Sinn dieser Übung? Durch wenige Schritte konnten Sie für sich eine gute und womöglich erfolgreich gemeisterte Situation aus der Vergangenheit festhalten und nochmals erleben. Dieses „Jagen nach dem Licht" stellt eine Ressourcenübung dar, welche Ihnen mit ein wenig Übung hilft, sich in negativ behafteten Situationen „aus dem Loch zu ziehen", sich emotional wieder zu stabilisieren und zu stärken. Hier findet man häufig eigene Werte und Motive wieder, die kurz- oder langfristig verloren gegangen waren. Mithilfe der (wiederentdeckten) Werte und Motive schaffen Sie eine weitere Ressource zur persönlichen Veränderungsarbeit.

Diese Übung spiegelt das „Modell der logischen Ebenen" von Robert Dilts aus den 1980er-Jahren wider (Dilts 2015). Dilts entwickelte dieses elegante und einfache Modell, um Denkstrukturen unseres Gehirns verständlich darstellen zu können. Es dient nicht nur dazu, sich an schöne Momente erinnern zu können und Kraft aus ihnen zu schöpfen, sondern es kann auch in Lernprozessen angewandt werden. Je nach Ebene greift man direkt Probleme an, die gelöst werden müssen. Um Veränderungen herbeiführen zu können, müssen Sie sowohl Ihren derzeitigen als auch Ihren erwünschten Zustand ermitteln bzw. klar vor Augen haben. Sie müssen abwägen, welche Ressourcen Ihnen zur Verfügung stehen, damit Sie vom aktuellen in den erwünschten Zustand gelangen. Und sehr wichtig: Sie müssen Störungen abschalten. Dies können Sie durch Anwendung Ihrer Ressourcen (Dilts 2015).

Wollen Sie Verhaltensweisen, die sich hartnäckig halten, auch langfristig ändern und Ihre „Motivatoren und Werte wiederfinden", so können Sie mit diesem Modell, welches im Folgenden eingehender beschrieben wird, arbeiten.

### 3.3.3 Veränderungsarbeit nach Robert Dilts

Immer wieder stoßen wir auf teils selbst gesetzte Hindernisse und Blockaden. Dies wurde im vorherigen Abschnitt bereits angesprochen. Das Ziel dieses Buches ist, Sie wieder gelassener in den Alltag starten zu lassen sowie die Freude an Ihrer tierärztlichen Tätigkeit wiederzufinden oder gar nicht erst zu verlieren. Um zu diesem Punkt zu kommen, müssen wir uns auch damit beschäftigen, wie wir uns verändern können.

Wenn ich meine persönlichen Ziele, die ich mir theoretisch erarbeitet habe, umsetzen möchte, benötige ich eine maßgebliche Aktion: Veränderung.

Veränderung ist mit Arbeit verbunden, denn wie Albert Einstein bereits sagte: „Probleme kann man niemals mit derselben Denkweise lösen, durch die sie entstanden sind." Daher spricht man bei diesem Vorgehen auch von Veränderungsarbeit. Wenn wir uns nun gemeinsam „an die Arbeit" machen, sollten wir vorab noch einmal rekapitulieren, welches Handwerkszeug Ihnen bisher an die Hand gegeben wurde:

- Sie haben einen Einblick erhalten, wie Ihre persönlichen Filter ein individuelles Bild Ihrer Umwelt bewirken, und wurden in Ihrer Selbstwahrnehmung, Ihrem Selbstbewusstsein, gestärkt.
- Sie haben Ihre individuellen Werte erarbeitet, die für Sie derzeit die größte Bedeutung haben.
- Sie haben eine Einführung erhalten, was Motivation bedeutet, und konnten damit auch wieder Ihre Selbstwahrnehmung und Ihr Selbstmanagement schärfen und sich Gedanken darüber machen, welche Motive und Ziele für Sie wichtig sind.
- Sie haben eine kleine Reise in eine positive Situation in der Vergangenheit erlebt, die Ihnen nochmals Stärke geben sollte, sich nun der Veränderungsarbeit zu widmen. Diese Übung ist jederzeit, wenn Sie „vom rechten Weg" abkommen, einsetzbar.

Nun folgt der Lernprozess!

## Exkurs

### Lernen und Gedächtnis aus neurobiologischer Sicht – ein kurzer Einblick

Das Gedächtnis kann in zwei Bereiche aufgeteilt werden: das **deklarative (= explizite) Gedächtnis**, welches die Wiedergabe von Fakten und Ereignissen beschreibt und im Hippocampus angesiedelt ist, und das **prozedurale (= implizite) Gedächtnis**, welches das Erlernen von Fertigkeiten beinhaltet, aber auch emotional behaftete Erfahrungen, Konditionierung oder Gewohnheiten. Dieses Gedächtnis sitzt im Neokortex, aber auch in der Amygdala und z. B. im Cerebellum.

Wenn wir etwas lernen oder lernen sollen, dann müssen wir zwei „Hürden" überwinden, bevor sich die gewünschte Information im Langzeitgedächtnis festsetzt. Die erste Hürde stellt das Ultrakurzzeitgedächtnis dar (sensorisches Gedächtnis), welches eine Zeitspanne von Millisekunden umfasst. Hier werden sensorische, also visuelle, auditive, taktile, gustatorische und olfaktorische Reize verarbeitet. Die zweite Hürde stellt das Kurzzeitgedächtnis dar. Es hat eine Kurzlebigkeit von Sekunden bis wenigen Minuten. Auch die Kapazität ist begrenzt. Maximal sieben Dinge (± zwei) kann sich ein Mensch im Durchschnitt merken. Im Gegensatz dazu ist das Langzeitgedächtnis unbegrenzt. Um ins Langzeitgedächtnis zu gelangen, hilft nur stetige Wiederholung (sog. „Konsolidierung"). Dies gilt auch für Gewohnheitsänderungen (Birbaumer u. Schmidt 2006).

Dabei „liebt" das Gehirn Strukturen: Reime, Rhythmen, Verknüpfungen. Wenn man mit Menschen spricht, die sich unproportioniert viel merken können, so geben diese häufig an, Begriffe mit z. B. einem Kartenspiel zu verbinden: Herz-10 = Hypothalamus. Karo-Bube = Cerebellum. Denken Sie nur an Ihre Studienzeit und die vielen „Eselsbrücken" zurück.

Neben Ultrakurz-, Kurz- und Langzeitgedächtnis gibt es noch das Arbeitsgedächtnis, welches dem Kurzzeitgedächtnis zugeordnet werden kann. Dieses hat zwei wesentliche Aufgaben: die aktive Verarbeitung neuer Informationen und die Bereitstellung bereits gespeicherter Inhalte aus dem Langzeitgedächtnis (Pritzel et al. 2009).

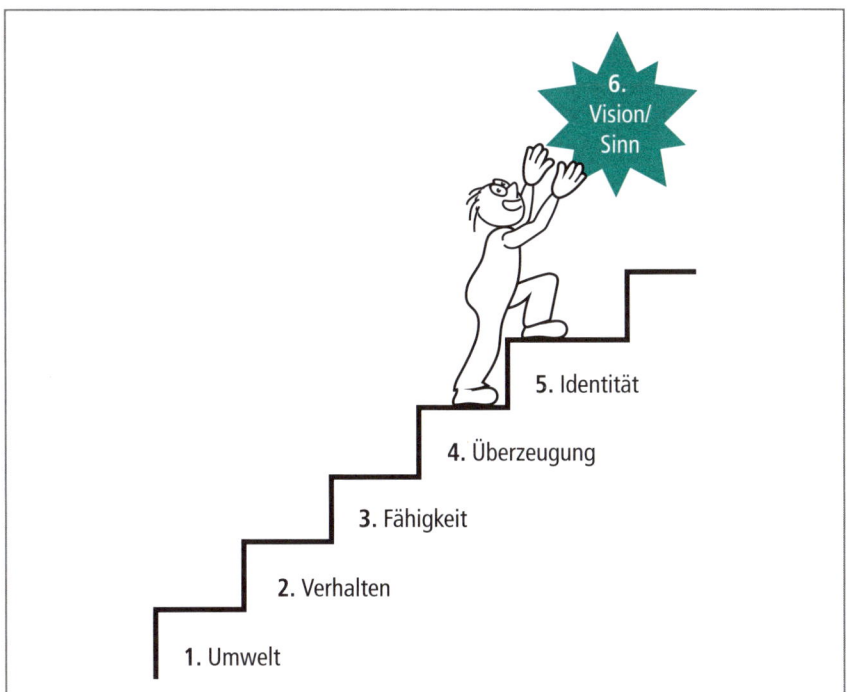

**Abb. 3-9** Die Ebenen nach Robert Dilts

Robert Dilts beschrieb mehrere Ebenen, auf welchen Veränderung stattfinden kann. Man nennt sie auch die „Stufen der Veränderung". Diese Ebenen dienen dabei der Klärung, wo genau ein Problem sitzt, vielleicht auch ein Motiv, ein Wert oder ein Ziel, um dann in der nächst höher gelegenen Ebene mit der Veränderungsarbeit zu beginnen (▶ Abb. 3-9).

Das Konzept der logischen Ebenen von Robert Dilts beruht auf dem Modell der logischen Ebenen des Lernens von Gregory Bateson, welches wiederum auf der Theorie der logischen Typen von Russel und Whitehead basiert, die in der Mathematik angesiedelt ist (Betz 2006).

Aus einer mathematisch basierten Theorie entwickelten sich also sechs hierarchische Ebenen des Denkens: Umwelt, Verhalten, Fähigkeiten, Werte, Identität und Sinn. Die Beeinflussung der direkt nebeneinander liegenden Ebenen ist dabei wechselseitig.

**Die erste Ebene: Unser Umfeld** Diese Ebene umfasst alle äußeren Gegebenheiten und Bedingungen, die auf uns als Individuum einwirken. Sie beinhaltet Menschen, Tiere, Gegenstände und Orte. Aber auch Dinge, die wir mit unseren Sinnesorganen aufnehmen, z. B.: laut, leise, hell, dunkel. Die Fragen dazu lauten: Wo? Wann? Wer?

**Die zweite Ebene: Ihr Verhalten**  Hier werden Ihre konkreten Handlungen in der jeweiligen Situation beschrieben: Aktion und Reaktion von Ihnen, auch in der Interaktion mit Ihrer Umwelt. Die Frage hierzu lautet: Was?

Diese beiden Ebenen sind häufig noch von außen und von anderen Menschen erkenn- und einschätzbar. Ab der dritten Ebene geht es tiefer hinein in die Empfindungen des Individuums.

**Die dritte Ebene: Ihre Fähigkeiten**  Hier werden Verhaltensweisen und Strategien beschrieben, welche Sie in Ihrem Leben verwenden. Es handelt sich um innere Prozesse, die für andere Menschen nicht wahrnehmbar sind, und umfasst kognitive und emotionale Voraussetzungen, die zu Ihrem jeweiligen Verhalten geführt haben: Wie hat sich die Situation angefühlt/wie fühlt sie sich an?

**Die vierte Ebene: Glaubenssätze und Werte**  Welche individuellen Theorien begleiten Sie? Welche Grundlagen haben Sie für Ihr Handeln? Welche Einstellungen, Werte, intrinsische Grenzen sind für Sie wichtig? In dieser Ebene finden wir viele Motive für individuelles Handeln, welche Sie einsetzen.

**Die fünfte Ebene: Identität**  Diese Ebene beschreibt Ihr Selbstbild und ist verbunden mit der Frage: Wer sind Sie? Oder auch: Wie wer sind Sie? (Ich bin wie meine Mutter, mein Vater etc.). Welche Vorstellungen haben Sie von Ihrem Verhalten, Ihren Fähigkeiten und Überzeugungen? Diese Ebene beinhaltet aber auch Aspekte der Fremdwahrnehmung: Wie sehen mich andere?

**Die sechste Ebene: Zugehörigkeit, Vision und Sinn**  Die letzte hier genannte Ebene beinhaltet einen kleinen Pool an Möglichkeiten, über welche man verfügt, je nach ursprünglicher Fragestellung und persönlichen „Vorlieben". Eine wichtige Frage dieser Ebene ist das Gefühl der Zugehörigkeit: Wem fühle ich mich zugehörig? Der Familie, der Gruppe? Tiefer geht die Frage nach Vision und Sinn. Hier können wir sinngebende Fragen im Leben betrachten: Warum bin ich hier? Was ist meine Aufgabe? Was war/ist der Sinn des Ganzen? Welche Visionen (oder auch Motive) verfolge ich? Die Betrachtung der sechsten Ebene, die durchaus auch schon in eine spirituelle Ebene gehen kann, kann unser Leben spezifischer gestalten und lenken. Sie stellt eine weitere Grundlage unserer Identität dar und ist eine sehr machtvolle Ebene.

Um nun erfolgreich eine Veränderung herbeizuführen, muss zuerst festgelegt werden, auf welcher Ebene die Veränderung stattfinden sollte. Anhand der jeweiligen Ebene frage ich mich also:

- Muss sich etwas im Kontext/in meiner Umgebung ändern, um auch für mich eine Veränderung herbeizuführen/ein Ziel zu erreichen? (Ebene 1: „Umfeld")

- Was tue ich konkret in der jeweiligen Situation? Muss ich mein Verhalten ändern? Welches Verhalten bräuchte ich, um mein Ziel zu erreichen? (Ebene 2: „Verhalten")
- Welche Fähigkeiten oder Kompetenzen benötige ich, um mein Ziel zu erreichen? Welche habe ich und welche habe ich nicht? Werden sich meine Fähigkeiten/Kompetenzen ändern oder auch modifizieren, wenn ich mein Ziel erreicht habe? (Ebene 3: „Fähigkeiten")
- Wie denke ich über mich? Wie denke ich über andere? Welche Werte sind mir wichtig? Welche Motive und Ziele verfolge ich? – Stellen Sie sich bei der Beantwortung dieser Frage vor, es gäbe keine Grenzen um Sie herum, keine Glaubenssätze, die Ihnen von außen „auferlegt" wurden. In dieser Ebene geht es wirklich nur um Sie selbst! (Ebene 4: „Glaubenssätze und Werte")
- Wie interpretiere ich vergangene Erfahrungen und wie haben diese Auswirkungen auf mein Selbstbild/auf meine Identität? Was denken Sie über sich selbst? (Ebene 5: „Identität")

Wer mit der „Befragung seiner Ebenen" am Ende tatsächlich auf der sechsten Ebene (Zugehörigkeit, Vision, Sinn) ankommt, ohne das Problem bisher identifiziert zu haben, um im Anschluss eine Veränderung herbeizuführen, der muss sich tatsächlich sehr grundlegende Fragen stellen: Wo fühle ich mich sicher? Worin liegt der Sinn meines Tuns? – Oder auch „spirituelle" Fragen: Warum bin ich hier? Welche Bedeutung haben meine Aktionen?

Wer anfängt, diese Fragen zu beantworten, der wird vermutlich im Anschluss sein komplettes Leben umkrempeln und neu ausrichten. Denn wer auf dieser Ebene erkennt, dass er einen „neuen" Weg gehen möchte, wird seine Identität, seine Werte, seine Fähigkeiten, sein Verhalten und sein Umfeld nachhaltig ändern.

Ich möchte diese Veränderungen anhand eines alltäglichen Beispiels kurz erläutern: Meine Einstellung z. B. beeinflusst mein Verhalten: Wenn ich der Meinung bin, ich bin nicht sportlich, werde ich nie eine Sportart ausprobieren. Eine Umgestaltung auf einer höheren Ebene führt jedoch – in der Regel – zu Veränderungen auf niedrigeren Ebenen. Hierbei ist wichtig, dass man immer mit der höher gelegenen Ebene anfängt. Das bedeutet: Wenn ich meine Fähigkeiten ändern möchte, dann sollte die Veränderungsarbeit auf der Ebene der Glaubenssätze stattfinden. Ändere ich z. B. im hier genannten Beispiel meine Einstellung und verstehe, dass Sportübungen erlernbar sind, werde ich ggf. doch mal etwas ausprobieren. Und ist dies erfolgreich, ändern sich auch meine Einstellung und damit am Ende meine Fähigkeiten.

Häufig haben wir auf den problembehafteten Ebenen selbst eine eingebaute Veränderungssperre („Ich kann's halt einfach nicht!"), die es uns unmöglich macht, zu einer Lösung zu kommen. Wir sind sprichwörtlich „festgefahren". Die nächst höhere Ebene ermöglicht uns eine andere Betrachtungsweise und damit auch das Entdecken neuer Perspektiven, welche wiederum zu Veränderungen führen. Ein Prozess wird in Gang gebracht.

## Tipp

Wenden Sie die logischen Ebenen auch bei **„Motivationslöchern"** an
(▶ Abb. 3-10).
Stehen Sie vor einem „Motivationsloch", welches uns tagtäglich begegnen
kann, und kommen Sie nicht weiter, so können Sie hier ebenso die logischen Ebenen anwenden. Denn diese müssen nicht nur „bei großen Fragen"
zur Anwendung kommen.
Mit etwas Übung (also „strukturelle" Wiederholung, s. a. Exkurs S. 50)
finden Sie schnell diejenige Ebene heraus, welche die momentane Blockade
beinhaltet oder das „Loch". Hier können Sie in einem ersten Schritt mit
Ihrer Veränderungsarbeit ansetzen: Müssen Sie etwas an der Umgebung ändern? Arbeiten Sie somit direkt an der Basis? Oder sind es Ihre Werte und
Glaubenssätze, welche dazu führen, dass Sie aktuell nicht „weiterkommen"?
Sie müssen dabei nicht zwangsläufig mit allen Ebenen arbeiten. Ein kurzer
Blick „von unten nach oben", das „Erkennen der richtigen Ebene" und der
damit verbundenen Änderung reichen völlig aus.

**Fazit:** Die logischen Ebenen können als Hilfestellung zum Erreichen von Zielen
genutzt werden. Des Weiteren zur Ressourcenaktivierung, indem man sich
bewusst macht, welche positiven Qualitäten jede der persönlichen Ebenen beinhaltet. Sie helfen aber auch, Konflikte oder sich selbst zu verstehen und Lösungsmöglichkeiten zu entwickeln.

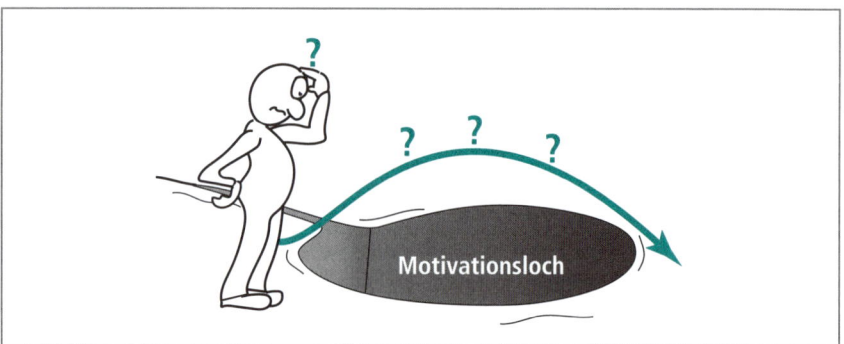

**Abb. 3-10** Überwinden Sie Motivationslöcher!

# 4    Ich und der Rest der Welt

Der Mensch ist kein Einzelgänger. Im Gegenteil. Und auch zum Glück, denn ganz so alleine wäre es auf Dauer sehr langweilig.

Bereits unsere Vorfahren waren auf Beziehungen angewiesen. Sie mussten sich in Clans und Gruppen zusammentun, um gemeinsam gegen die Unbequemlichkeiten des Lebens anzukämpfen: ob es bei der Jagd war, beim Aufziehen der Kinder oder bei der Verteidigung vor denen, die alles wieder wegnehmen wollten. Gott sei Dank hat sich dieser Lebensstil – weitgehend – geändert. Dennoch ist uns eines geblieben: Wir Menschen sind darauf angewiesen, zusammenzuhalten, uns gegenseitig zu stützen und voneinander zu lernen. Im Großen oder im Kleinen. Es gibt Interaktionen, Konflikte, Systeme, Regeln, Traditionen, Religionen. Wir, als Teil einer gemeinsamen Welt, werden durch äußere „Grenzen" geformt und in unserer persönlichen Entwicklung geprägt.

Unsere Mitmenschen können uns das Leben leichter oder schwerer machen. Diskussionsfreudige Patientenbesitzer, die Apothekenkontrolle, das Finanzamt. Alles keine wirklich gern gesehenen Menschen. Dafür setzen wir uns lieber auseinander mit Freunden, Familie (wobei auch nicht immer …), Lebenspartner. Aversive Reize, die von Menschen ausgehen, werden gemieden, wohingegen die Affinität von Menschen mit Freundlichkeit und dem Finden von Gemeinsamkeiten steigt.

Aber in der Interaktion mit anderen Menschen passiert noch mehr, was wir häufig nicht „erklären" können: Den einen können wir „nicht riechen", den Nächsten finden wir auf Anhieb so sympathisch, dass wir ihm gleich das „Du" anbieten. – Wann haben Sie sich das letzte Mal „komisch" verhalten oder etwas „Komisches" erlebt, ohne es wirklich erklären zu können?

## 4.1    Das Eisberg-Modell

Spätestens seit den Verfilmungen des Untergangs der Titanic weiß man: Was bei einem Eisberg aus dem Wasser ragt, ist nur „die Spitze". Circa 80 % sind unter der Wasseroberfläche verborgen.

Was hat das mit Interaktion zu tun?

Der Eisberg wird gern als Modell in der zwischenmenschlichen Kommunikation herangezogen (▶ Abb. 4-1). Bevor Sie weiterlesen, überlegen Sie kurz, was „Kommunikation" bedeutet: Hier geht es nicht nur um das „gesprochene Wort", sondern auch um Körpersprache und Stimmlage als Ausdruck der dahinterliegenden Emotion. Wenn Sie z. B. jemanden fragen, ob es ihm gut geht, und er antwortet mit hängendem Kopf und leiser Stimme: „Mir geht es super!", dann

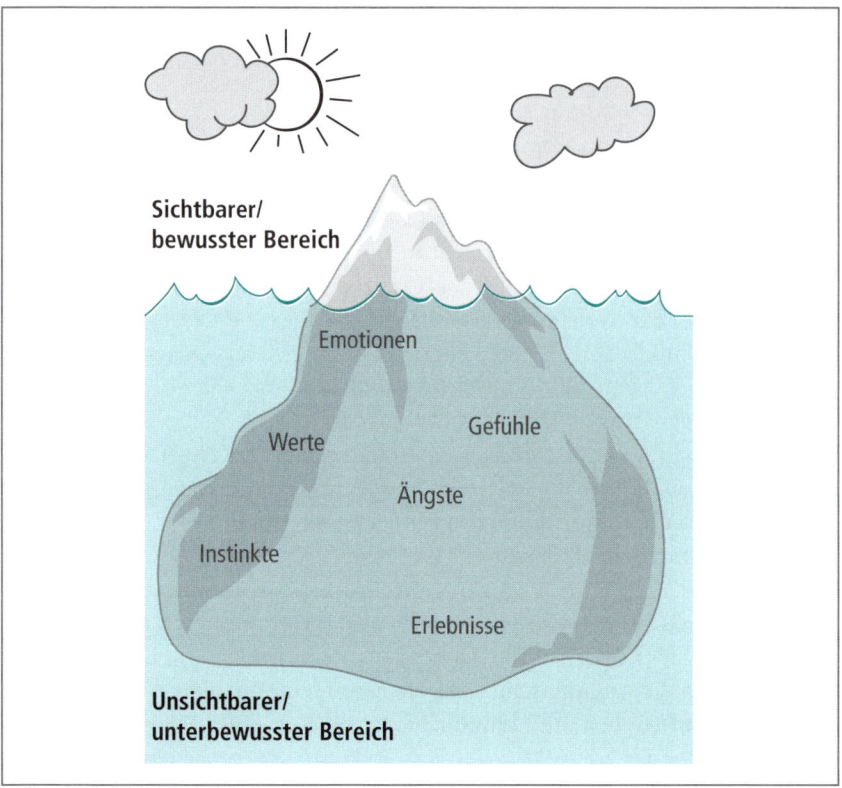

**Abb. 4-1** Das Eisberg-Modell

nehmen Sie es ihrem Gegenüber sicherlich nicht ab und fragen direkter: „Glaub ich Dir nicht! Was ist los?" Anders ist es, wenn jemand mit einem breiten Lachen und aufrechter Haltung antwortet. Das signalisiert: „Ja, es geht mir gut!"

Das Eisberg-Modell erklärt dabei recht anschaulich, dass Kommunikation, Reaktion und Handlung mehr ist als „das, was man sieht". Nur ein kleiner Anteil im täglichen Leben wird bewusst bestimmt. Der Rest ist „unter der Wasseroberfläche" verborgen (Bentlage 2016).

Im unteren Teil unseres Eisbergs befindet sich also das „Unerklärliche", was uns in der Interaktion mit anderen Menschen immer wieder begegnet: Warum sympathisieren wir mit dem einen, wo der Nächste schon beim „ersten Eindruck" bei uns „unten durch ist"? Warum sagt uns unser „Bauchgefühl", dass an der Tatsachendarstellung unseres Gegenübers irgendetwas nicht stimmen kann?

Ob es sich um Ängste oder verdrängte Konflikte handelt, um Unsicherheit oder versteckte Neugier, um Werte oder Motive: In ▶ Kapitel 3 haben Sie sich schon auf die Reise in diesen Teil Ihrer Persönlichkeit gemacht und sogar angefangen, mit diesem zu arbeiten (Veränderungsarbeit nach Dilts, ▶ Kap. 3.3.3). Sie haben also bereits ein Verständnis dafür erhalten, dass manchmal mehr hinter den Reaktionen oder Handlungen Ihrer Mitmenschen steht als das, was Sie sehen. Also, Taucherbrille auf und einmal unter die Wasseroberfläche schauen: Welche Emotionen oder Gefühle könnten für die cholerischen Ausfälle Ihres Chefs verantwortlich sein, was steckt tatsächlich hinter der Versagensangst der Assistentin …?

## Exkurs

### Emotion und Gefühl

Emotionen begleiten uns immer und überall. Wir empfinden Freude, Trauer, Wut, Ekel oder Angst. Sie begleiten uns bewusst und unbewusst. Es sind gerichtete Gefühle, sie haben also einen Bezugspunkt oder eine Bezugsperson (wir „freuen uns über" etwas oder „ärgern uns über" jemanden etc.). Zudem haben Emotionen eine zeitlich begrenzte Dauer, wie z. B. die Vorfreude auf ein bestimmtes Ziel, welches dann erreicht wird und uns mit Stolz erfüllt. Emotionen können auch in spontanen Reaktionen wahrgenommen werden, wie bei der Wahl von Partnern und neuen Mitarbeitern, beim Anschauen von Fremden in der Bahn, die wir plötzlich anlächeln, ohne zu wissen warum. Oder auch bei „Wutausbrüchen", die wir im Nachhinein vielleicht gar nicht mehr verstehen können.
Es ist ein Irrtum, zu glauben, Emotionen und Gefühle könnten auf Dauer verdrängt werden oder existierten gar nicht. Hierbei haben vor allem negativ geprägte Emotionen wie Wut, Angst oder gar Ekel eine gewisse Bedrohlichkeit, die wir gerne „unter den Tisch kehren" und versuchen, sie nicht zu zeigen: die Wut, die „runtergeschluckt" wird, den Mut, den wir uns einzureden versuchen, den Ekel, der einem bei diversen Behandlungen nicht im Gesicht stehen darf, um die Professionalität zu wahren. Unsere Umgebung beeinflusst uns in unserem Handeln, unseren Aussagen. Unsere Umgebung kann uns wütend, ängstlich oder auch freudig stimmen. Unsere Umgebung kann soweit Einfluss auf uns nehmen, dass wir „gar nicht wissen, was mit uns los ist". – Wir sind Teil eines Systems und werden von diesem beeinflusst. Immer. Irgendwie. Ob bewusst oder unbewusst.
Bei Emotionen und Gefühlen handelt es sich um fundamentale Elemente des menschlichen Verhaltens. Anstelle sich oder andere somit für vor allem negative Emotionsausbrüche zu rügen, sollten Sie Objektivität bewahren und auf Ursachenforschung gehen.

## Definition

### Emotion (nach Eder u. Brosch 2017)

Eine Emotion ist eine auf ein bestimmtes Objekt ausgerichtete affektive Reaktion, die mit zeitlich befristeten Veränderungen des Erlebens und Verhaltens einhergeht.

### Emotionsexpression (nach von Scheve 2010)

[…] Emotionsexpressionen [sind] nicht nur als Ausdruckszeichen interner Zustände und als Begleiterscheinung sozialer (und emotionaler) Austauschprozesse relevant, sondern vor allem als prä-reflexives Kommunikationsmedium und als Indikator für die Bewertung von Situationen und daraus resultierende Handlungstendenzen.

> Genauer gesagt: Emotionsausdrücke können uns viel sagen über innere Haltung, Situation und beabsichtigte Handlung.

Wer das Eisberg-Modell verinnerlicht, kann somit nicht nur sein eigenes Verhalten besser verstehen und bewerten, sondern auch die Emotionen und das Verhalten anderer Menschen. Wir werden „sozialbewusst": Und mit Sozialbewusstsein fällt es uns insgesamt leichter, Empathie zu zeigen.

Warum halte ich es für wichtig, dass Tierärzte so etwas wie das „Eisberg-Modell" oder „emotionale Intelligenz" kennen? Es liegt auf der Hand, dass Tierärzte als Dienstleister kommunizieren und verhandeln sowie Empathie zeigen müssen. Darüber hinaus sollten Tierärzte jedoch auch vor allem in anstrengenden und zeitlich intensiven Berufssparten eigene Grenzen kennen und akzeptieren, um langfristig die Freude am Beruf beizubehalten. Ein hoher Intelligenzquotient hilft sicherlich gut durch das Studium, aber die emotionale Intelligenz sollte diejenige sein, die einen Tierarzt im täglichen Geschäft begleitet und ihm ermöglicht, im „beruflichen System" langfristig und erfolgreich Fuß zu fassen. Und das Auseinandersetzen mit der eigenen Persönlichkeit ist wichtig, um Grenzen nicht auf Dauer zu überschreiten. Das Ziel liegt in einer gesunden Balance: Man geht so sorgsam mit sich um, dass man nicht nur langfristig seine Freude am Beruf beibehält, sondern – auf der anderen Seite – auch genau weiß, wann man am Limit ist. Nur wenn ich erkenne, wann ich Gefahr laufe, tatsächlich „zu kippen", kann ich „harte Zeiten" im Notfall ohne mittel- und langfristige Schäden überstehen.

Wir drehen uns also letztendlich um drei fundamentale Begriffe (▶ Abb. 4-2):

- um unseren **Intelligenzquotienten,** welcher uns ermöglicht, dieses überaus schwere und anstrengende Studium erfolgreich zu meistern, im Anschluss an die Approbation stets auf dem neuesten Stand der Wissenschaft zu bleiben sowie um uns fortzubilden und zu spezialisieren

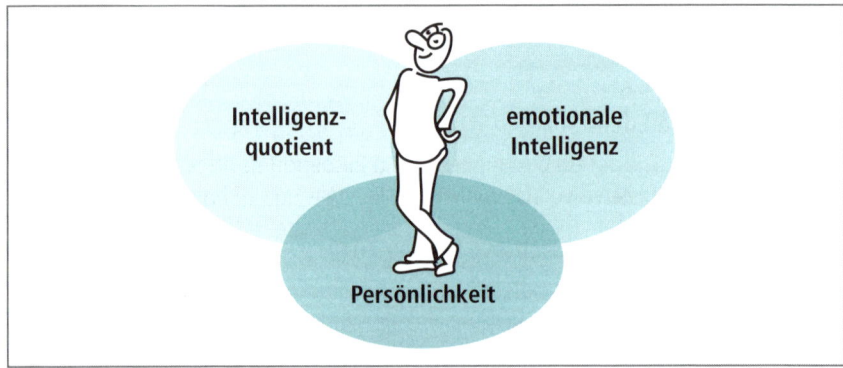

**Abb. 4-2** Intelligenzquotient (IQ), emotionale Intelligenz (EQ) und Persönlichkeit

- um unsere **emotionale Intelligenz,** welche uns ermöglicht, uns selbst so gut zu kennen, dass wir auch gewinnbringend mit Chefs, Mitarbeitern und Patientenbesitzern kommunizieren können und diese auch verstehen
- um unsere **Persönlichkeit,** welche individuell und stabil ist, die ich aber durchaus kennen muss, um mich besser in ein System integrieren zu können

Intelligenzquotient und Persönlichkeit können kaum verändert werden. Die emotionale Intelligenz jedoch, welche ein flexibles Set an Eigenschaften darstellt sowie durch Übung erworben und verbessert werden kann, wird stetig durch unsere Umwelt bzw. das System, in dem wir uns gerade bewegen, beeinflusst. Wie kann man solch eine Beeinflussung durch unsere Umwelt aber bewusster wahrnehmen? Und vor allem: Wie kann man lernen, positive Erfahrungen daraus zu ziehen.

Dies wollen wir uns im folgenden Abschnitt ansehen. Wagen wir hier nun einen ersten Schritt „nach draußen".

## Übung

### Die Menschen, die uns beeinflussen

Um seine Umwelt besser kennenzulernen, sollte man die Menschen, die uns umgeben, einmal näher betrachten:

- Wer umgibt uns?
- Mit wem verbringen wir die meiste Zeit?
- Was mögen wir an diesen Menschen, was nicht? Und warum?
- Was an diesen Menschen macht uns glücklich, was macht uns wahnsinnig?

Notieren Sie die Namen aller Personen, mit denen Sie am meisten zu tun haben oder welche für Sie emotional eine besondere Nähe darstellen (ob positiv oder negativ). Jede dieser Personen erhält ein eigenes Blatt. Für diese Übung sollten Sie etwas Zeit und Ruhe einplanen, am besten machen Sie sie abends oder morgens, wenn Störungen eher gering sind.

Und nun fangen Sie mit einer Person an:

- Schließen Sie die Augen. Sehen Sie die Person vor sich. Nun schreiben Sie ohne Umschweife auf, was Ihnen als Erstes in den Kopf kommt. Geben Sie sich hier nicht mehr Zeit als drei Minuten.
- Dann kommt die nächste Person an die Reihe. Auch hier schließen Sie wieder die Augen, geben sich eine Minute Ruhe, um sich die betreffende Person vorzustellen, sich in Ihre Emotionen hineinzuversetzen, und nun schreiben Sie auch hier sofort alles auf, was Ihnen einfällt.
- Dieses Procedere wiederholen Sie, bis Sie alle Personen in Ihrem Umkreis emotional „abgeklappert" haben. Und dann beschäftigen Sie sich erst einmal mit etwas ganz anderem: Gehen Sie spazieren, kochen Sie was, lesen Sie einen Artikel, schlafen Sie …

- Wenn Sie wiederkommen, nehmen Sie sich Ihr Geschriebenes vor. Lesen Sie die Seiten möglichst objektiv.
  - Fallen Ihnen Menschen in Ihrer Umgebung auf, die besonders viele aversive Reize ausstrahlen?
  - Und umgekehrt?
  - Ist ein Mensch dabei, der Ihr Herz höher springen lässt und ein Lächeln auf Ihre Lippen zaubert?
  - Ist vielleicht eine Person dabei, die relativ neutral betrachtet werden kann? Und auf den zweiten Blick? Ändert sich etwas?
- Nehmen Sie nun einen dicken Marker und machen Sie ein Plus bei den Menschen, die Sie positiv beeinflussen, und ein Minus bei denjenigen, die Sie negativ beeinflussen.

Der Sinn dieser Übung liegt darin, sich erst einmal darüber bewusst zu werden, wo man eigentlich steht und mit wem man es zu tun hat. Manchmal stellt man beim zweiten Lesen fest, dass manche Menschen eigentlich relativ neutral betrachtet werden können. So schlimm sind die Dinge gar nicht, mit denen man zu tun hat. Dafür kann man durchaus Menschen „entdecken", welche einem das Leben so sehr zur Hölle machen, dass man sich durchaus fragen muss, ob es nicht Wege und Möglichkeiten gäbe, dieser „Hölle" zu entkommen … Aber auch hiermit können wir lernen umzugehen, wenn wir die aktuelle Situation nicht ändern können.

Damit Ihre eigene Umwelt (und dazu gehören die Menschen, die Sie umgeben) nicht zu einer gefühlten „Hölle" wird, wollen wir uns folgend mit einem wichtigen Thema beschäftigen: Teams.

## 4.2    Teams und Arbeiten im Team

Wenn man über Beziehungsmanagement nachdenkt, kommt man zwangsläufig auch auf das Thema „Teams". Die Grundsätze, die eine größere oder sogar große Gruppe im Umgang miteinander anwendet, kann man natürlich ebenso auf „Zweiergrüppchen" übertragen, denn auch hier geht es um Zusammenarbeit. Ich überspringe an dieser Stelle daher das 1:1-Beziehungsmanagement und komme gleich zum Zusammenfinden mehrerer Personen: dem Team.

Ein Team beinhaltet eine Gruppe an Menschen, die das gleiche Ziel verfolgen. In der Regel kennt man das Team aus dem Sport, wo das gemeinsame Ziel natürlich darin besteht, strategisch so gut aufgestellt und aufeinander abgestimmt zu sein, dass man gemeinsam gewinnt. Das Ziel ist somit der Sieg.

In Unternehmen spricht man heutzutage ebenfalls von „Teams", von Arbeitsgruppen. Auch hier liegt der Hintergrund darin, dass alle Mitglieder ein gleiches Ziel verfolgen sollten, dass sie zusammenhalten und Aufgaben gerecht verteilt werden. Aber ist das so? In einem Praxis- oder Klinikteam gibt es oft auch Mitglieder, die sich überhaupt nicht verstehen, die sich mobben oder schlicht ihre eigenen Ziele verfolgen. (Im Übrigen ist das „Mobbing" auch für Arbeitgeber durchaus eine Methode, sich unliebsamer Mitarbeiter zu entledigen, die man nicht kündigen will oder kann.) In stark hierarchischen Strukturen bekommen meistens die Tiermedizinischen Fachangestellten oder auch die „Neuen" im Team „alles ab". Es gibt Teams mit starkem Ungleichgewicht in der Aufgabenverteilung oder mit unterschiedlicher Herangehensweise.

Und was ist mit dem „Teamgefühl"? Hier liegt die große Herausforderung. Sportmannschaften verstehen sich untereinander auch nicht immer, aber sie wissen meist sehr viel genauer als „Arbeitsgruppen", dass sie miteinander klarkommen müssen, um in einem Spiel den Gegnern überlegen zu sein. Grundregeln einer erfolgreichen Zusammenarbeit müssen hier zwangsweise geübt, verfestigt und ausgeführt werden, sonst kann man gleich davon ausgehen, dass der Siegerpokal nicht in den eigenen Regalen stehen wird.

Anders in den heutigen „Teams" in Unternehmen. Hier werden Grundregeln einer erfolgreichen Zusammenarbeit aus vielfältigen Gründen über den Haufen geworfen:

- Neue „Teammitglieder" werden weder vor Einstellung noch danach in das bestehende Team integriert. Das Team muss den Neuankömmling akzeptieren, ob es will oder nicht. Damit entschwindet das Empfinden, sich als Gemeinschaft Gleichgesinnter zu fühlen. Es bilden sich Grüppchen und – auf der anderen Seite – Einzelgänger.
- Ziele sind dem „Team" gar nicht so klar. Der Chefetage liegt der Umsatz am Herzen, wohingegen den Mitarbeitern z. B. eine gute Beratung wichtiger ist, als alles auf „Heller und Pfennig" abzukassieren. Großes Konfliktpotenzial mangels Kommunikation und gemeinsamer Zielführung!
- Nur „gute" Mitarbeiter werden von der Chefetage vermehrt gefördert. Nicht immer zum Positiven. Es entsteht dadurch nicht nur ein Ungleichgewicht im Image von einzelnen Teammitgliedern, sondern auch in der Aufgabenverteilung. „Der darf immer alles", das ist in Teams kein verheißungsvoller Satz.

Vor allem größere Praxen und Kliniken, die einen „hohen Durchlauf" an Mitarbeitern haben, sollten sich mit diesem Thema intensiv beschäftigen. Denn Mitarbeiter kündigen in der Regel nicht ihre Jobs, sondern sie kündigen ihren Chefs. Oder aber es handelt sich um Mitarbeiter, die sich im Team komplett unwohl fühlen. Aber auch hier sollte das Teamgefühl mitunter „Chefsache" sein. Ein wenig mehr Verständnis für dieses Thema ist also von allen Seiten her unumgänglich.

## 4.2.1 Das Team als „Erfolgsgeheimnis"

Wenn man sich bei Arbeitnehmern umhört, egal, ob es sich dabei um Tierärzte handelt oder um Tiermedizinische Fachangestellte: Das Teamgefühl bzw. ein gutes Betriebsklima steht als Zufriedenheitsfaktor ganz oben auf der Liste. Gekoppelt ist das gute Teamgefühl mit Wertschätzung und Anerkennung sowie gegenseitigem Respekt auf Augenhöhe. Dies ist in einer Praxis oder Klinik, in welcher ausschließlich starke Persönlichkeiten aufeinandertreffen, durchaus problematisch und kann zu heftigen Auseinandersetzungen führen. Auch zügig und eher gemächlicher arbeitende Mitarbeiter krachen gerne aneinander. Da werden Situationen, in denen Türen offen gelassen und Medikamente nicht verschlossen werden oder ein Patient „ewig" vorbereitet wird, zur Explosionsgefahr.

Hört man sich weiter um, was ein gutes Team für Mitarbeiter bedeutet, so werden z. B. folgende Punkte genannt:

- dass Mitarbeiter Rückendeckung erfahren, wenn Patientenbesitzer sich beschweren
- dass auf Rechnung der Chefs Essen bestellt werden darf, wenn mal wieder heftige Überstunden anfallen
- dass Arbeitsabläufe gemeinsam besprochen und Meinungen offen geäußert werden dürfen, ohne persönlich zu werden

Ein erfolgreiches Team benötigt gegenseitiges Vertrauen und Respekt. Dann können Sie mehr erreichen als Zufriedenheit, Ziele und verbesserte Umsätze. Sie ermöglichen gemeinsames Lernen und erhöhen damit das Entwicklungstempo der Gruppe. Sie ermöglichen ein gegenseitiges Stützen und können damit gemeinsam Krisen besser bewältigen (Dahms 2010).

Wie aber schafft man es, tatsächlich ein gutes Betriebsklima zu etablieren? Wie kann man seine eigenen Einstellungen modifizieren, um ein gutes Teammitglied zu sein? Wie kann ich als Chef mein Team so fördern und fordern, dass es die Leistungen bringt, die ich mir erhoffe? Eine Gruppe auf ein gemeinsames Ziel oder eine Philosophie einzuschwören und zu guten Leistungen zu führen ist nicht einfach! Wie kommt man also zu dieser Gruppe intrinsisch hochmotivierter Menschen, die gut miteinander auskommen und fachlich die ganze Breite des benötigten Wissens abdecken?

> **!** Will man als Team effektiv zusammenarbeiten, zählen erstaunlicherweise weniger die Persönlichkeiten, das Verhalten oder die Einstellungen einzelner Mitglieder. Es zählen eher extrinsische Grundbedingungen wie eine überzeugende Richtungsvorgabe, eine gute Struktur und ein positives Umfeld.

Für den Teamleiter – meistens ist dies der Praxis- oder Klinikinhaber selbst – bedeutet dies, seine Mitarbeiter durchaus in die richtige Richtung zu weisen und an kleinen Stellschrauben zu drehen. Aber auch, den Teammitgliedern eine gewisse Freiheit zu lassen, sich in ihrer Rolle entfalten zu können. Man kann ein Team nicht dazu bringen, gute Ergebnisse abzuliefern, man kann nur die Wahrscheinlichkeit erhöhen, dass das Team gute Ergebnisse bringt.

Bernd Sprenger (2012) z. B. beschreibt Teamfähigkeit so: „[…] Teamfähigkeit bedeutet im Einzelnen, dass der Projektleiter in der Lage ist, immer wieder das Projektziel in den Fokus zu rücken und die verschiedenen Interessen, die es in […] Teams immer gibt, auf diesen Fokus hin zu bündeln und auf eine gemeinsame Motivation für das Gelingen zu achten." (Sprenger 2012, S. 49)

Alles in allem helfen die folgenden Punkte, um als Team erfolgreich arbeiten zu können:

- Eine klare Aufgabenverteilung
  - Wer seine Aufgaben kennt, hat auch eine Chance, diese zur Zufriedenheit aller auszuführen. Was z. B. sind die Aufgaben einer Tiermedizinischen Fachangestellten? Nur telefonieren und Patienten aufnehmen oder z. B. auch Röntgen oder Blutabnahme? Wo ist die Aussage eines „Experten" notwendig, die grundsätzlich als wertvoller bewertet wird als z. B. die eines jungen Assistenzarztes?
  - Aufgabenbereiche können notiert werden, sodass jeder sofort sieht, wer der Ansprechpartner für welche Belange ist. Dies vermittelt auch Sicherheit und Konsistenz. Werden Aufgaben dann zur Unzufriedenheit ausgeführt, so können schnell und gezielt Lösungsansätze besprochen werden. Hierbei ist auch stets darauf zu achten, dass Aufgaben im Einvernehmen aller Seiten verteilt werden und dass die einzelnen Personen mit den gestellten Aufgaben weder über- noch unterfordert sind, da es sonst zu einer Schieflage kommt, welche erneuten Unmut nach sich ziehen kann.
- Grundsätze definieren
  - Welche Prinzipien möchte die Praxis/Klinik vertreten? Wie erfolgt die Außendarstellung? Wie erfolgt die Telefonannahme (z. B. mithilfe eines Telefon-Leitfadens)? Wie erfolgt die Abrechnung oder Konfliktstrategie, sollte es Probleme mit Kunden geben?
  - Wenn hier alle an einem Strang ziehen und der „Außenwelt" geschlossen entgegenstehen, stärkt dies jedes einzelne Teammitglied oder, im Gegensatz dazu, sortiert recht schnell diejenigen aus, die eben nicht die gleichen Werte teilen.
  - Eine Stärkung des Zusammengehörigkeitsgefühls reduziert die Kündigungsrate und erhöht die Wahrscheinlichkeit auf eine langfristige Zusammenarbeit.
- Kommunikation
  - Kommunikation ist ein schwer umsetzbares Thema in Praxen und Kliniken, vor allem, wenn stetig „Vollgas" gegeben werden muss. Hier sollte man sich prinzipiell überlegen, ob die Möglichkeit bestünde, in irgendeiner Form die Bremse zu ziehen, ob durch die Reduktion von Sprechzeiten oder

durch das Einstellen von weiteren Mitarbeitern, um die Bestehenden zu entlasten (aber dies nur am Rande).

– Eine Teambesprechung mindestens einmal im Monat sollte Pflicht sein. Wenn hier zudem ein paar Regeln beachtet und Konflikte dadurch vermieden werden, führt dies kurz-, mittel- und langfristig zum gemeinsamen Erfolg und einem stressfreien Miteinander.

– Eine gute Kommunikation innerhalb eines Teams beinhaltet auch das Einführen einer guten Feedbackkultur, um Konflikten erfolgreich aus dem Weg gehen bzw. diese in weniger heftige Bahnen lenken zu können. Denn wer hofft, dass sich Dinge von selbst lösen, und diese aussitzt, verursacht eher Unruhe, Ungerechtigkeitsempfinden oder gar Motivationsverlust innerhalb des Teams. Sind Führungskräfte involviert, kann es darüber hinaus sogar zu einem Image- oder Vertrauensverlust kommen.

## Übung

### Teamschiff bauen

Das Teamschiff ist im Coaching eine Maßnahme zur Unterstützung von Teams zur besseren Definition von „Rollen" (▶ Abb. 4-3). Denn je spezifischer man seine eigene Rolle im Team kennt, desto wohler fühlt man sich nicht nur als „Mitglied", sondern desto effektiver kann ein Team auch agieren.

Werden Sie kreativ! Nehmen Sie sich ein Blatt Papier, malen Sie ihr persönliches Schiff und geben Sie den Teammitgliedern um sich herum Aufgaben. Vielleicht arbeiten alle zusammen? Vielleicht bahnt sich eine Meuterei an? Gibt es jemanden, der auf die Planke geschickt werden müsste? Oder schon „über Bord" gesprungen ist? Fragen Sie sich auch:

• Welche Rolle haben Sie im Team?
• Welche Rolle(n) hätten Sie gerne?
• Welche Rolle(n) sehen Sie in anderen?
• Welche Rolle(n) sehen andere in Ihnen?

Vielleicht müssen Sie auch mehrere Schiffe malen. Vielleicht gibt es ein Schiff, das für Sie am erfolgversprechendsten ist?

Und der Sinn dahinter?

Welche Rolle(n) man in einem Team hat, ist ausschlaggebend für das Wohlbefinden und die Zielführung. Wenn Sie z. B. feststellen, dass auf Ihrem „Schiff" alles drunter und drüber geht, sich die Matrosen darum streiten, wer auf den Ausguck darf, und die Kapitäne das Steuerruder mal nach links und mal nach rechts ziehen – wie will man da in einen Hafen einlaufen?

Das Teamschiff dient der persönlichen Orientierung und im erweiterten Sinne auch als Anreiz für Änderungen, sollte man feststellen, dass die Spielregeln nicht für jeden klar genug sind.

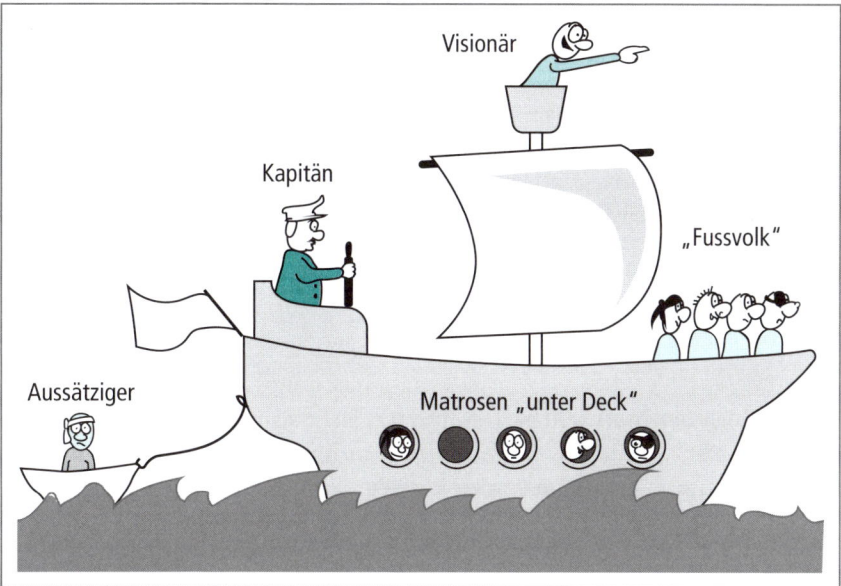

**Abb. 4-3** Teamschiff

Jedes Team hat seine eigene Struktur, in welcher es arbeitet (diese kann man häufig besser im Teamschiff erkennen, als wenn man die einzelnen Aufgaben als Liste aufschreibt). Dies beinhaltet eigene Rollenstrukturen, aber auch eine Kommunikation, Arbeitspräferenzen o. Ä. Im Alltag kann sich die Struktur anders auswirken als geplant. Wir haben es also mit Dynamiken und Beziehungen zu tun. Kein Ablauf ohne Beziehung. Wo liegt die Schnittstelle zwischen Aufgabe, Struktur, Beziehung und Alltag? Welche Dynamiken führen zu Konflikten?

Ein Team zu führen ist keine leichte Aufgabe. Es ist aber manchmal auch keine leichte Aufgabe, in einem zusammengewürfelten Team Mitglied zu sein. Daher sollten Dinge, die schieflaufen, angesprochen werden (dürfen).

## 4.2.2 Konflikte vermeiden, Feedbackkultur etablieren

Ich sehe hauptsächlich die folgenden vier Ursachen, die **Konflikte** innerhalb eines Teams nach sich ziehen können:

**1. Man kennt seine eigene Rolle im Gefüge nicht genau oder die anderen kennen sie nicht** Tierärzte sind „Helfer", die Kommunikation mit den Patientenbesitzern spielt im Alltäglichen eine wichtige Rolle, denn nur selbstbewusste und freundliche Kommunikation sichert neben der fachlichen Kompetenz die Treue der Patientenbesitzer. Aber Tierärzte sind auch Geschäftsleute, Teamleiter, Arbeitgeber und Ausbilder. Aufgaben müssen delegiert, gemeinsame Ziele und

**S** pezifisch: Ziele sind eindeutig definiert.

**M** essbar: Einzelne Schritte oder das Ziel sind selbstbewertbar.

**A** kzeptiert: Ziel ist mit allen Beteiligten abgestimmt.

**R** ealistisch: Ziele müssen umsetzbar sein.

**T** erminiert: Ziele benötigen Zeitvorgaben.

**Abb. 4-4** SMARTe Ziele definieren

Philosophien benannt werden. Der Tierarzt sieht sich jedoch häufig noch als Einzelkämpfer, was in großen Praxen zu Konfliktpotenzial führt. – Um seine Rolle besser im Team definieren zu können, dazu diente die vorangegangene Übung „Teamschiff".

**2. Erwartungen werden nicht erfüllt oder man hat Angst, dass sie nicht erfüllt werden könnten** Welche Erwartungen stehen im Raum? Wird man den Erwartungen von außen gerecht? Entsprechen ich und mein Arbeitsplatz meinen persönlichen Erwartungen? – Hier besteht die Möglichkeit, einfach „weiterzuarbeiten" und zu hoffen, Erwartungen würden sich erfüllen. Dies führt jedoch langfristig gesehen zu Unzufriedenheit. Wichtig ist – für beide Seiten –, Erwartungen positiv zu nutzen und in gemeinsame Ziele umzuwandeln. So wird aus einer schwammigen Erwartung ein motivierendes Ziel. Hierbei sollten Ziele aber auch realistisch gesteckt und konkret formuliert werden. Richten Sie sich dabei nach dem SMART-System (nach Doran 1981; ▶ Abb. 4-4):

- **S**pecific
- **M**easurable
- **A**ssignable („zuweisbar" würde im Deutschen nicht passen, daher wurde hier der Ausdruck „akzeptiert" verwendet; manche verwenden auch „attraktiv", was ich aber zu unspezifisch finde)
- **R**ealistic
- **T**ime-related

**3. Macht und Kontrolle werden dominant ausgeführt** Im Buch „Instinkt" von Dr. Mirjam Schmitz (2014, S. 44 ff.) steht sinngemäß: Alphatiere zeichnen sich dadurch aus, dass sie sich positiv auf eine Gruppe auswirken. Erfahrung und Wissen lassen ein Vertrauensverhältnis aufbauen, das jedem Einzelnen der Gruppe ermöglicht, Alphatieren ohne Wenn und Aber zu folgen. Alphatieren liegt das Wohl der Gruppe am Herzen und nicht die Führungsposition oder das Streben nach Macht selbst.

Macht und Kontrolle, Kontrollmacht, das Herrschen über das eigene Team – vom Prinzip her kein schlechter Ansatz und nicht ausschließlich als negativ zu werten, sofern die oben genannten Dinge greifen. Eine Kontrolle aus dem eigenen Erfahrungsschatz heraus zum Wohle des Teams und dem Erfolg der Praxis/Klinik dienend ist ein geschäftstüchtiges Handeln. Auch hier zählt der richtige Umgang. Kontrolle kann mit Delegieren verbunden werden, Überwachen mit Motivation.

Die Tiermedizin erfordert bei Praxis- und Klinikinhabern ein gewisses Maß an Kontrollfähigkeit allein durch vorgegebene Qualitätsstandards. Gehen Sie aber mit ihrer Machtposition sorgsam um (▶ Kap. 3.2.3, Das Bedürfnis nach Autonomie).

**4. Falsch gesetzte Kritik überschattet eine gesunde Feedbackkultur**  „Kritik üben" klingt per se schon negativ. Dabei handelt es sich rein objektiv betrachtet um eine Form der Rückmeldung. Es geht um Meinungen, Ideen, Eindrücke anderer Personen, die sich auf etwas oder jemanden beziehen. Wer Kritik übt, sollte im Hinterkopf behalten, dass es sich hierbei um nichts Negatives handeln sollte. Hierunter fällt unter anderem auch der Begriff „konstruktive Kritik". Ein Feedbacksystem sollte immer etwas Positives zum Ziel haben und in keinem Unternehmen fehlen.

Sprechen wir also lieber von **Feedback** als von „Kritik üben". Dann fällt es leichter, diesem Begriff etwas Positives abzuringen. Und Feedback per se ist nicht als Kritik zu werten! Es geht darum, zu erfahren, was andere denken, z. B. Vorgesetzte oder Mitarbeiter: Wie schätzen Sie meine Leistung oder auch meinen Führungsstil ein? Was kann ich verbessern? Dies sind Fragen nach dem Fremdbild. Leider werden diese Fragen häufig aus Angst, Konkurrenzempfinden oder sozialer Inkompetenz nicht ausreichend oder gar „falsch" beantwortet.

## Tipp

### Feedback-Kultur etablieren

Wie gibt man ein gutes Feedback? Nachfolgend ein paar Regeln (Richter 2015):
- **Beschreiben** Sie Handlungen Ihres Gegenübers und bewerten Sie sie nicht. Erklären Sie die Situation aus Ihrer Sicht. Aber bitte sachlich und ohne Sätze wie: „Das haben Sie einfach nicht gut gemacht!" (oder Schlimmeres …).
- Bleiben Sie **konkret** bei der Sache, die tatsächlich vorgefallen ist, ohne Verallgemeinerung (nicht: „Sie sind immer so unpünktlich!"). Mit Verallgemeinerungen wie „immer", „nie", „jedes Mal" etc. destabilisieren Sie Ihre eigene Position. Sie werden weniger glaubhaft, denn es wirkt, als wollten Sie vielleicht auch nur mal „Dampf" ablassen. Wer konkret bleibt, wird ernst genommen.

- Geben Sie Ihre Rückmeldung in **angemessener** Art und Weise. Rücksichtsloses Feedback kann zerstörerisch wirken! Vorsicht!
- Ihre Aussagen sollten für Ihr Gegenüber brauchbar sein: Bitte bleiben Sie **konstruktiv**. Es geht hier um eine Verbesserung, nicht darum, jemanden schlechtzumachen!
- Wer Kritik üben möchte, sollte dies nach Möglichkeit **sofort** tun. Fünf Wochen später ist eindeutig zu spät! Da hat jeder das meiste schon wieder vergessen und man kann es auch gleich bleiben lassen. Vor allem bei Konflikten bringt es nichts, sich auf Dinge von „vorvorgestern" zu berufen.
- Fassen Sie sich **kurz** und prägnant: blablabla und blablabla und blablabla … – bitte nicht! Überlegen Sie sich als Feedbackgeber vorab, was Ihnen wichtig ist.

Konflikte lassen sich also bereits im Vornhinein vermeiden, wenn man ein paar Regeln kennt und versucht einzuhalten. Natürlich geht so etwas nicht immer und auch nicht von heute auf morgen. Üben ist also angesagt, was man durchaus auch im Team machen kann. Meist macht es in der Gemeinschaft nicht nur am meisten Sinn, Feedback zu üben, es kann auch Spaß machen und ruft nicht selten neue Ideen auf den Plan.

Und wenn es doch Stolpersteine gibt? Leider gibt es diese häufiger, als uns lieb ist, was uns in vielen Entwicklungen hemmt. Bestehende und ausgeprägte Hierarchien verhindern z. B. ein Feedback für Führungskräfte. Niemand traut sich, etwas zu sagen, aus Angst, es könnte negativ gewertet werden. Aber auch hier gibt es eine Feedbackkultur, welche eingeführt werden kann. Und zwar durch einen externen Moderator. Dieser sammelt das Feedback aller Mitarbeiter und stellt das Ergebnis (anonymisiert natürlich) der Führungskraft vor. Im Anschluss kann man durchaus in einem gemeinsamen Workshop Lösungsmöglichkeiten ansprechen oder neue Ideen umsetzen.

Auch geben wir geliebten oder instabilen Menschen ungern ein offenes und echtes Feedback. Aber auch hier kann man mit etwas Übung Wege finden, Feedback so positiv zu formulieren, dass es auch als dieses angenommen werden kann. Und wenn man weiß, dass man eine etwas sensible Person vor sich hat, ist dies schon der erste Schritt eines empathischen, konstruktiven und gut gemeinten Ratschlags.

## Tipp

### Sandwichprinzip

Ein gern verwendeter „Trick" im Feedbacksystem oder allgemein in der Ausübung von „Kritik" ist das sog. Sandwichprinzip. Hierbei „packen" Sie quasi die negative Aussage in zwei positive Aussagen. Mit diesem Prinzip wird eine Kritik als sehr viel angenehmer empfunden, als wenn sie einem „an den Kopf geworfen" wird.

Das Problem dabei ist: Häufig verwässert man damit seine eigene Aussage. Zudem empfinden Feedbacknehmer es tatsächlich als angenehmer, wenn man gleich „zur Sache" kommt und nicht ewig drum herumredet. Zudem kann es passieren, dass die positiven Botschaften nicht mehr ernst genommen werden. Und das wäre schade, denn ein Lob sollte in jeglicher Form stets auch als Solches wahrgenommen werden.

Nichts desto trotz kann dieses Sandwichprinzip in manchen Fällen erfolgreich angewandt werden. Probieren Sie es einfach aus.

Ein anderer Aspekt des Feedbacks ist, dieses nicht nur korrekt zu geben, sondern auch korrekt damit umzugehen. Wie wir bereits erfahren haben, ist eine Interaktion immer eine zweiseitige Angelegenheit. So auch beim Feedback. Wenn ich ein Feedback erhalte, dann können Emotionen und Reaktionen in mir geweckt werden, die vielleicht nicht unbedingt angemessen sind oder welche ich im Nachhinein ggf. sogar bereue (hier wären wir wieder beim Eisberg-Modell; ▶ Abb. 4-1). Es ist also wichtig, dass ich mich auch mit solch einem Thema beschäftige: Wie gehe ich mit Feedback um, das ich erhalten habe?

 Auch ein Feedbacknehmer sollte einige Regeln befolgen. Die erste und oberste Regel heißt: Bedanken Sie sich immer für das Feedback.

Das klingt komisch, ich möchte es aber anhand einer kleinen Geschichte erläutern, die mir eine Freundin mal erzählte (auch im Zusammenhang mit Feedback):

## Fallbeispiel

Oma Paula schenkte Moni einst eine kleine Statue. Die war hässlich wie die Nacht. Dennoch sagte Moni brav „Danke", denn es gehörte sich nun mal. Die Statue verschwand umgehend im Keller. Ein Jahr später zog Moni in eine andere Wohnung. Während des Umzugs fand sie die Statue wieder, welche völlig in Vergessenheit geraten war. Da Moni ihren Stil inzwischen etwas geändert hatte, fand sich tatsächlich ein schöner Platz dafür in einem Regal, wo die Statue schlussendlich viele Jahre stand.

Was Sie mit Ihrem persönlichen Feedback anfangen, das steht Ihnen frei. Nehmen Sie es an, „verstauen" Sie es erst einmal im „Keller" oder werfen Sie es sofort weg? Sie müssen sich nicht rechtfertigen. Ein „Nein, das sehe ich nicht so, aber vielen Dank" oder „Ich denke darüber nach" oder „Ja, stimmt" reicht völlig aus. Halten Sie Ihren „Erklärbär" zurück, in diesem Falle ist er einfach überflüssig. Zumindest vorerst. Es könnte durchaus notwendig sein, vor allem wenn Meinungen massiv auseinandergehen, dass der „Erklärbär" zu einem späteren Zeitpunkt nochmals hervorgekramt werden muss. Aber lassen Sie das Gesagte möglichst erst einmal sacken. Sehen Sie ein Feedback immer als eine Art Geschenk und nehmen Sie es auf.

Egal, wer sich einer kritischen Meinungsäußerung stellt, es bringt immer etwas. Denn das Selbstbild kann sich durchaus sehr stark vom Fremdbild unterscheiden. Mit Feedbacksystemen, gesteckten Zielen, gekonnter Motivation, selbstbewusster Führung und dem Klarwerden der eigenen Position im Team können erste Schritte unternommen werden, Konflikte untereinander im tierärztlichen Alltag zu minimieren.

## Tipp

### Wenn es doch mal zu Konflikten kommt

Manchmal helfen geplante Feedbacksysteme oder „gute Vorsätze" nichts. Man kommt in einen Konflikt. Wie reagiert man?
Es gibt mehrere Möglichkeiten (Kindler 1994; Preuß-Scheuerle 2016):

**Abwarten und Tee trinken.** Diese „Lösung" ist keine Lösung, ermöglicht Ihnen aber, erst einmal Abstand zu der Thematik zu gewinnen und zu beobachten, wie sich die Situation weiterentwickelt. Das hilft, wieder auf den „Boden der Tatsachen" zu kommen und Konflikte mit etwas Abstand betrachten zu können. Aber wie gesagt, eine Lösung ist es nicht!

**Beschwichtigen bzw. Kompromisse finden.** Hier geht es um gemeinsame Interessen, deren Lösung aber dennoch von allen Beteiligten akzeptiert werden muss. Sonst sind neue Konflikte vorprogrammiert.

**„Bestimmer" sein.** Klares Beispiel: Bei der Einarbeitung eines neuen Assistenten kommt ein Notfall rein. Jetzt wird nicht diskutiert, jetzt wird gehandelt. Der erfahrene Kollege ist in dieser Situation der Bestimmer, denn hier ist schnelles Agieren gefragt. Auch in anderen Situationen kann es passieren, dass man keine Kompromisse akzeptieren kann.

**Spielregeln definieren.** Wenn zwei oder mehrere Personen immer wieder aneinandergeraten, dann muss eine Lösung her. Diese kann darin bestehen, dass „Spielregeln" definiert werden. Am besten von einer dritten oder unabhängigen Person, sodass sich keiner benachteiligt fühlt und jeder die Chance erhält, sich auch wirklich an die (neuen) Regeln zu halten.

**Du Deins, ich meins.** Wenn zwei Parteien es schlichtweg nicht schaffen, auf einen Nenner zu kommen, dann hilft es nur, sich zu trennen, ob Arbeitnehmer und Arbeitgeber oder eine entsprechende Diensteinteilung, in welcher man sich nicht mehr „begegnet". Diese Version erscheint wie eine „Nicht-Lösung", aber tatsächlich stellt sie eine Lösung dar: Man muss akzeptieren, dass man einfach nicht miteinander kann. Diese Akzeptanz ist wichtig, denn keiner mag das Herziehen über eine andere Person, Partei, Praxis oder wovon oder wem auch immer man sich „getrennt" hat. Also fair bleiben!

**Feilschen.** Hier sind wir wieder bei den Kompromissen. Allerdings eher in „Jahrmarkt-Form". „Wenn Du mir etwas von Dir gibst, gebe ich Dir etwas von mir …" Feilschen kann man um Gehälter, unbeliebte Dienste – oder um Gummibärchen.

**„Der Klügere gibt nach!"** Wenn man manchmal objektiv über einen Konflikt nachdenkt, so stellt manch einer fest, dass man sich an Kleinigkeiten aufhängt, die es eigentlich nicht wert sind. Ein schönes Zeitmanagement-Tool: Regen Sie sich über Dinge auf, über die es sich wirklich lohnt, sich zu ärgern. Für alles andere haben Sie keine Zeit. Und wenn doch, dann haben Sie scheinbar zu viel Zeit! Nachgeben muss man aber auch manchmal, wenn das Gegenüber dominanter ist (▶ Punkt 3).

**Tu's einfach!** Ich kenne diese Lösung hauptsächlich aus der Erziehung von Kindern: „Ich habe gesagt, Du sollst Schuhe draußen anziehen. Es ist zu kalt." – „Nein!" – „Dann mach doch, was Du willst!" … – Und dann später: „Ich hab's Dir doch gesagt, dass Du kalte Füße bekommst!" … Eher rechthaberisch und trotzig anstelle von konstruktiv oder konsequent! Übertragen auf Erwachsene sollte man diese Lösung als Chance sehen: Wenn jemand anderer Meinung ist als Sie, dann geben Sie Ihrem Gegenüber die Möglichkeit, seine eigene Meinung „auszuprobieren" oder „zu beweisen". Tragen Sie das Ergebnis aber verantwortungsvoll mit und kommen Sie nicht beim Scheitern mit einem „Siehste" um die Ecke!

**Gemeinsame Lösungen finden.** Vor allem in Teams ist Zusammenarbeit wichtig. Dies haben wir bereits angesprochen. Mit Wertschätzung und gegenseitigem Vertrauen können Probleme offen auf den Tisch gepackt und gemeinsame Lösungen erarbeitet werden.

Tierarztpraxen und Kliniken sind Teams. Je besser Teams miteinander funktionieren, desto geschlossener und stärker können sie sich auch mal unangenehmen Patientenbesitzern stellen, desto besser läuft der Umgang mit Beschwerden, desto besser läuft die Praxis oder Klinik: Eine gute Feedbackkultur motiviert auch durch das Anerkennen jedes Einzelnen.

## 4.3    Rolle von Führungspositionen

### 4.3.1    Neue Führungseigenschaften

Viele Arbeitgeber in der Tiermedizin erwarten von ihren Mitarbeitern, dass sie motiviert sind und alles Erforderliche tun, um ihre Aufgaben so gut wie möglich zu erledigen. Auch sollen sie kundenfreundlich orientiert sein und einen hohen Umsatz bringen.

Diese Gleichung kann funktionieren, wenn man ein paar Punkte berücksichtigt, die zu einer modernen Mitarbeiterführung gehören. Leider höre ich aber immer wieder, dass Arbeitgeber genau solche Dinge erwarten, **ohne** in irgendeiner Form selbst den Erwartungen der Mitarbeiter gerecht zu werden; und wenn es bei der Bezahlung anfängt. Noch schlimmer finde ich, dass Fehler als Führungskraft wiederholt werden, die man als junger Assistent selbst bemängelt hat, anstelle zu erkennen, dass man doch vieles besser machen könnte. Aber dies sei nur am Rande erwähnt.

Wer heute einen guten Führungsstil beweisen möchte, um seine Mitarbeiter auch langfristig an die Praxis oder Klinik zu binden, sie motiviert zu halten, sodass der Umsatz auch passt, der muss sich zwangsläufig ein paar „neue" Eigenschaften aneignen. Mit dem alten „Hierarchiesystem" und der Einstellung „So war das früher auch!" wird keiner mehr Lobeshymnen ernten. Schlimmer noch: Irgendwann kann der Moment eintreten, in welchem man ohne Mitarbeiter dasteht. Dann steht die Frage im Raum: Verkauf oder Aufgabe?! – Traurig.

Also, höchste Zeit, alte Hierarchiesysteme über Bord zu werfen und sich den Eigenschaften zu widmen, die für die neue, eher kooperativ orientierte Führungsposition notwendig ist. Die Basis hier: gegenseitiger Respekt, Augenhöhe, offene Kommunikation, Mitspracherecht, Entscheidungsteilhabe.

 Hierarchiedenken ist „out". Kooperation ist „in". Durch diese neue Einstellung fördern Sie Verantwortungs- und Leistungsbereitschaft in Ihren Mitarbeitern.

Im „Kleinen" sollte man schon einmal versuchen, sich grundsätzlich die folgenden Punkte anzueignen:

**Betrachten Sie Ihre Mitarbeiter als Individuen mit unterschiedlichen Rollen, aber auch Erwartungen und Wünschen.** Nur im regelmäßigen Austausch können Sie herausfinden, wohin die Reise mit den jeweiligen Mitarbeitern gehen soll. Denn jeder Mitarbeiter sollte tun, was er am besten kann. – Hier sei übrigens noch erwähnt: Leider neigen vor allem Frauen dazu, ihr Licht unter den eigenen Scheffel zu stellen. Seien Sie daher bei ihnen etwas feinfühliger. Männer hingegen neigen eher dazu, „Hier" zu rufen. Vielleicht haben Sie eine Tierärztin im Team, die sich gerne weiterentwickeln würde, sicher aber bisher noch nicht traute, mit Ihnen zu sprechen?

**Individuelle Mitarbeitergespräche** Nicht nur Arbeitsleistung oder Entwicklungs-potenziale sollten Thema in der „Chefetage" sein. Auch persönliche Probleme, Pläne oder „Befindlichkeiten" sollten für den Chef/Personaler von Interesse sein. Hierbei geht es nicht um ein „Ausheulen, weil man sich mal wieder mit dem Freund verstritten hat", sondern um individuelle persönliche Themen, die sich auf die Arbeitsleistung auswirken können (z. B. Krankheit, berufsbegleitende Fortbildung oder grundlegende Änderungen im familiären Bereich). Es geht darum, Vertrauen zu schaffen.

## Fallbeispiel

Eine der dramatischsten Erfahrungen, die ich in einer Klinik gemacht habe, war die folgende:

Eine Mitarbeiterin einer Kleintierklinik sah, als ich sie kennenlernte, bereits sehr schlecht aus. Weiß wie die Wand, Augenringe und nur noch Haut und Knochen. Ihre Haare hingen ihr meist ins Gesicht, sodass man dieses kaum sehen konnte.

Man erzählte mir, dass sie in den Mittagspausen nur Tomatensuppe aß, sonst nichts. Zu gemeinsamen Festen oder Besprechungen tauchte sie nie auf. Sie kam, machte ihre Arbeit und ging wieder.

Als ich die Klinikleitung darauf ansprach, winkte sie ab und sagte, ihre Probleme seien Privatangelegenheit. Sie sei eine gute Tierärztin, das zähle.

Mit Letzterem hatte die Leitung tatsächlich recht. Diese Tierärztin war hochkompe-tent und sehr intelligent. Alleine ihre Karteieinträge bestanden ausschließlich aus lateinischen Begriffen, was mich sehr beeindruckte. Und auch die Anfangsassistenten schätzten sie sehr als Ansprechpartnerin für kompliziertere Fälle. Ihre ruppige und kurz angebundene Art hatte man diesbezüglich schon akzeptiert.

Nur schien es, dass sich keiner für sie verantwortlich fühlte.

Es trug sich zu, dass ich diese Mitarbeiterin aus den Augen verlor, jedoch circa ein hal-bes Jahr später eine andere Kollegin dieser Klinik traf. Ich fragte sofort nach ihr. Man erzählte mir, dass sie eines Morgens nach dem Nachtdienst einen Zusammenbruch erlitten hatte und mit dem Rettungswagen ins Krankenhaus gebracht werden musste. Sie war von diesem Tage an „freigestellt", um in einer psychiatrischen Klinik behandelt zu werden.

Abgesehen davon, dass nun eine hochkompetente Kraft von heute auf morgen fehlte und die Arbeitszeiten auf die übrigen Mitarbeiter verteilt werden mussten, hat die Klinikleitung in dieser Angelegenheit aus meiner Sicht mehr als versagt. Seit Jahren war bekannt, dass diese Mitarbeiterin schwerwiegende Probleme hatte, die jeder im täglichen Umgang mit ihr wahrnehmen konnte. Statt sich aber der Mitarbeiterin anzu-nehmen, Unterstützung anzubieten und ggf. entsprechende Maßnahmen einzuleiten, wies man das Problem bequem von sich. Offensichtlich war ausschließlich die aktuelle Arbeitsleistung interessant, bis zu dem Punkt, an welchem sie komplett ausfiel.

**Entwicklungsprogramme erarbeiten** Um individuell auf Potenziale von Mitarbeitern eingehen zu können, ist der Einsatz von Entwicklungsprogrammen sinnvoll. In regelmäßigen Abständen (z. B. jedes halbe Jahr) kommt es zu einem Gespräch zwischen Chef oder Personaler und Mitarbeiter. In diesem Gespräch werden gemeinsame zukünftige Schritte erörtert, durchaus auch Probleme angesprochen, die gelöst werden sollten, und Ziele erarbeitet. Dieses Gespräch wird dokumentiert und beide Seiten erhalten eine Kopie. In der Praxis bzw. Klinik könnte jeder Mitarbeiter z. B. eine eigene Mappe erhalten. Dann findet man auch sehr schnell Dokumente wieder.

## Exkurs

### Mitarbeitergespräche in Behörden

Wie sinnvoll Mitarbeitergespräche sind, ist schon sehr lange bekannt. Daher sind im Öffentlichen Dienst vertraulich geführte Mitarbeitergespräche inzwischen Pflicht. Mindestens einmal pro Jahr kommt es zu einem Vieraugen-Gespräch zwischen Vorgesetztem und Mitarbeiter.

Hierbei werden Zielvereinbarungen schriftlich festgehalten und von beiden Gesprächspartnern unterschrieben, um eine Verbindlichkeit beider Seiten zuzusichern. Natürlich sollte Zielvereinbarungen eine gewisse Flexibilität eingeräumt werden. Es geht hier hauptsächlich darum, einen Handlungsrahmen für einen gemeinsam vereinbarten Zeitraum zu formulieren. Dieser Handlungsrahmen soll zur Orientierung dienen und Sicherheit geben.

In 60–90 Minuten werden die aktuelle Situation besprochen, Ergebnisse und Ziele erörtert und individuelle Fördermaßnahmen diskutiert. Die Gespräche werden auf Augenhöhe durchgeführt, grundlegende kommunikative Fähigkeiten wie aktives Zuhören oder Rückfragen zum Verständnis sollten somit vereinbar sein. Jeder kann dabei seine persönliche Sichtweise auf respektvoller Ebene schildern. Das Gespräch dient dazu, zukünftige Schritte erfolgreich und gemeinsam zu gehen und nicht dazu, vergangene Ereignisse tot zu reden.

Da 60–90 Minuten schnell vorüber sein können, sind beide Parteien dazu angehalten, sich vorab auf das Gespräch vorzubereiten und Themen zu priorisieren. Themenbereiche können dabei sein:

- Arbeitsaufgaben aktuell und zukünftig
- Arbeitsumfeld aktuell und zukünftig
- berufliche Entwicklung des Mitarbeiters
- Zusammenarbeit und Führung

**Weniger kritisieren, mehr loben.** Dabei geht es nicht darum, Ihre Mitarbeiter zu bauchpinseln, sondern sagen Sie, wenn Sie mit etwas zufrieden sind. Wertschätzen Sie. Ein „Das hast Du gut gemacht" kann schon viel bewirken. Achten Sie dabei auch auf Überzeugung. Ein zeitnahes Lob, welches konkret die Sache anspricht, die gut gemacht wurde, kommt authentischer herüber, als wenn Sie in der nächsten Mitarbeiterbesprechung ein Thema von vor drei Wochen ansprechen, woran sich kaum jemand erinnern kann.

## Exkurs

### Die Kunst des Lobens

Bereits im Jahr 2008 erschien im FOCUS ein sehr schöner Artikel über die Kunst des Lobens Hierin werden die Deutschen als „Meckerer" und „Nörgler" bezeichnet; die deutsche Gesellschaft als „Kritikgesellschaft". Arbeitnehmer kündigen ihre Jobs wegen schlechter Führung, 60 % der Deutschen fühlten sich nicht ausreichend für ihre Arbeit gewürdigt. Die Folgen schlechter Arbeitsbedingungen sind medizinisch durchaus bekannt: Von Herz-Kreislauf-Erkrankungen bis hin zu Depression und Burnout. Dabei sind Arbeitgeber davon überzeugt, dass richtig gesetztes Lob Motivation und Leistungsbereitschaft von Mitarbeitern fördert. Warum also kommt es nicht dazu?! Dabei gehört das Lob laut dem Neurobiologen Henning Scheich vom Leibniz-Institut in Magdeburg zu den Glücksstimulanzien schlechthin: Bei gelungenem Lob kommt es zur Ausschüttung von Endorphinen, ein Glücksgefühl stellt sich ein.

Richtig Loben ist gar nicht so einfach. Lobt man „überschwänglich", wird man nicht ernst genommen. Auch eine „Wattewolke an Lob", so wie es in dem Artikel formuliert wird, ist eher kontraproduktiv. Loben sollte nicht general erfolgen, sondern als Anerkennung einer spezifischen Leistung. So kann diese als richtig abgespeichert und weiter verfolgt oder wiederholt werden.

Fritz Simon, Professor für Führung und Organisation an der Universität Witten/Herdecke, wird in dem Artikel wie folgt zitiert: „Das deutsche Prinzip lautet: Solange alles funktioniert, gibt es keine Reaktion. Nicht geschimpft ist gelobt genug." Hier zitiert er das Schwäbische Sprichwort: Ned g'schimpft isch g'nuag g'lobt! Tatsächlich erlebt man diese Einstellung fast überall. Durch Druck, der von allen Seiten herrsche, und dadurch, dass Führungskräfte häufig selbst kein Lob erhalten, fällt es auch schwer, Mitarbeitern ein Lob zuzusprechen. Das ist sehr schade.

In dem hier genannten Artikel kommt es auch zur Kritik des Lobens. „Lob sei zudringlich", „diene als gesprächstaktische Schmierseife und als Fast-Food-Zuwendung". Abgesehen davon, dass ich persönlich diese Wortwahl als sehr kreativ empfinde, bin ich nicht dieser Meinung. Lob soll nicht dazu dienen, jemanden in eine kindliche Stellung zurückzustellen („Alles gut, mein Kleiner, hast Du doch PRIMA gemacht …!"), sondern als Anerkennung auf Augenhöhe. Ich bezweifle, dass jemand, der ein Lob auf Augenhöhe bekommt, welches spezifisch und nicht übertrieben gesetzt ist, dieses als „ironisch" oder gar „beleidigend" wertet. Ja, es gibt andere Kulturen, in welchen man lange nach Lob suchen kann, aber in unserer westlichen Welt ist Lob ein für mich sehr wichtiger Baustein des stressfreien und positiven Miteinanders. Und es heißt nicht, dass man keine Kritikpunkte mehr ansprechen darf, wenn man lobt. Es geht nicht um ein Weichspülprogramm, sondern um respektvolles Miteinander.

Möchten Sie also das Loben bei sich einführen, dann fühlen Sie sich hiermit ermuntert! Wenn Ihr Lob nicht übertrieben ist, sondern ehrlich und anerkennend, dann kann man tatsächlich das erreichen, was man sich von seinen Mitarbeitern wünscht: Motivation und Leistungsbereitschaft.

Für den ersten kleinen Schritt reicht auch ein großes Glas mit Bonbons und einem Zettel mit „Danke!".

Denn wie es bei Lohmer et al. (2012) heißt: „Führung ist Beziehungsarbeit: Gute Führung gelingt nicht allein durch eine gute Organisation der Arbeit, Führung bedeutet Arbeit an der Beziehung zu den Mitarbeitern."

**Seien Sie verlässlich und ehrlich.** Halten Sie, was Sie versprochen haben! Nichts ist frustrierender, als wenn man das Gefühl hat, sich nicht auf den Chef verlassen zu können. Wie wollen Sie sich dann auf Ihre Mitarbeiter verlassen?

## Fallbeispiel

Eine Kollegin rief mich an und fragte, ob ich ihr bei der Suche nach einer neuen Stelle helfen könne. Sie wäre mit Ihrer Arbeitsstelle in einer großen Kleintierklinik sehr unzufrieden, weil sie das Arbeitspensum gesundheitlich nicht mehr schaffe. Und obwohl sie das Problem mehrmals angesprochen habe, habe sich bisher nichts geändert.

Nach kurzer Zeit meldete sie sich erneut, voller Hoffnung, sie habe endlich ein gesondertes Mitarbeitergespräch mit dem Chef führen können. Er habe Ihre Situation eingesehen und wolle ihr einen neuen Vertrag mit geänderten Arbeits- und Notdienstzeiten vorlegen. Sie wolle dies also abwarten.

Der dritte Anruf ließ nicht lange auf sich warten. Leider mit einer sehr enttäuschenden Nachricht: Der Vertrag habe zwar eine geringfügige Besserung der Arbeitszeiten gebracht, allerdings hätte sich am Einsatz der Nachtdienstblöcke rein gar nichts geändert, obwohl genau dies mit dem Chef besprochen worden war. So könne sie den Vertrag nicht unterschreiben.

Sie hatte sich auf ihren Chef und seine Zusagen verlassen, aber unter diesen Umständen hindere sie jetzt nichts mehr daran, sich eine neue und bessere Stelle zu suchen. Hoffentlich mit einem Chef, auf den man sich verlassen könne …

**Denken Sie nicht ausschließlich im „Hier und Jetzt", sondern auch zukunftsweisend.** Als Führungskraft sollten Sie wissen, wo es hingeht, sollten innovativ denken und Ideen entwickeln. Beziehen Sie Ihre Mitarbeiter mit ein, denn wenn diese sich auch zukünftig in Ihrer Praxis/Klinik/Ihrem Unternehmen sehen, dann werden sie Ihnen auch gerne „folgen".

Darüber hinaus möchte ich nochmals auf die bereits erwähnte Studie aus dem Jahr 2016 zurückkommen (▶ Kap. 2; Kersebohm et al. 2017). Erinnern Sie sich? Angestellte Tierärzte zeigten eine hohe Arbeitsunzufriedenheit durch zu lange Arbeitszeiten und eine damit verbundene schlechte Entlohnung. Vielleicht besteht somit auch die Möglichkeit, hier etwas zu verbessern?

Denn halten Sie im Hinterkopf: Meist wird nicht dem Job gekündigt, sondern den Chefs (so wie in meinem Fallbeispiel)! Und da wären wir sogleich beim nächsten Thema, der Mitarbeiterführung und was diese vom Management unterscheidet.

### 4.3.2 Managen und Führen von Mitarbeitern

Um als Chef dieser „neuen Rolle als Führungsposition" gewachsen zu sein, sollte man sich mit einem weiteren Punkt beschäftigen: dem Führen von Mitarbeitern.

In meinen Seminaren werde ich von Arbeitgebern immer wieder gefragt, was der Unterschied zwischen Management und Führung ist. Der Begriff „Personalmanagement" ist zwar noch immer sehr populär und viele sehen Management gleichbedeutend mit Führung, jedoch sind diese beiden Begriffe alles andere als Synonyme (▶ Abb. 4-5, Abb. 4-6).

**Mitarbeitermanagement** Wenn Sie managen, dann geben Sie eine Richtung und ein Ziel vor, vergeben Aufgaben und schubsen, wenn nötig, den ein oder anderen „Ausreißer" wieder in die Bahn. Dies ist zum Erreichen von (persönlichen?) Zielen natürlich ein gangbarer Weg, aber leider nicht unbedingt von Erfolg gekrönt. Denn „gemanagte" Mitarbeiter, denen schlicht gesagt wird, was zu tun ist, verlieren gerne die Motivation und den Elan, Ihre (persönlichen) Ziele für Sie zu erreichen, denn die eigenen Mitarbeiter-spezifischen Ziele und Wünsche fallen hinten herunter.

**Mitarbeiterführung** Das „Führen" von Mitarbeitern bereitet vielen Chefs Probleme. Hier geht es nämlich nicht darum, das Ziel anzuzeigen und zu rufen: „Lauft!", sondern man geht vorweg und nimmt sein Team mit. Stellen Sie sich

**Abb. 4-5** Management von Mitarbeitern

**Abb. 4-6** Führung von Mitarbeitern

eine Menschenkette vor, mit Ihnen an der Spitze. Sie nehmen an einem Rennen teil. In Ihrer Kette gibt es „Langsame" und „Schnelle", manche stolpern,
manche müssen kurzzeitig getragen werden. Aber wenn man gemeinsam im
Ziel ankommt, sind alle stolz. Sie fördern mit Führung also die gegenseitige
Anerkennung und das „Wir-Gefühl".

## Exkurs

### Management versus Führung

In dem Artikel „Critical skills for future veterinarians" von Joseph A. Humble (2001)
werden sehr schöne Beispiele, auch zum Schmunzeln, genannt, wie sich Management
von Führung unterscheidet. Nachfolgend ein paar Beispiele:
- Der Manager verwaltet, die Führungsposition führt Neuerungen ein.
- Der Manager ist eine Kopie, die Führungsposition ein authentisches Original.
- Der Manager behält Strukturen bei, die Führungsposition entwickelt weiter.
- Der Manager fokussiert sich auf Systeme und Strukturen, die Führungsposition fokus-
  siert sich auf Menschen.
- Der Manager verlässt sich auf Kontrolle, die Führungsposition vertraut ihren Mitar-
  beitern.
- Der Manager denkt „kurzfristig", die Führungsposition denkt „langfristig".
- Der Manager macht Sachen richtig, die Führungsposition macht die richtigen Sachen.

Es gibt viele Arten und Wege, erfolgreich zu führen. Allerdings müssen Führungskräfte eines gemeinsam haben: Sie müssen ein Vorbild für andere darstellen, eine klare Rolle einnehmen und mit dieser auch „vorweg gehen".

Wer sich seiner Führungsaufgabe in der Praxis oder Klinik intensiv widmet und ggf. auch „Neuem" offen gegenübersteht, wird feststellen, dass er die Motivation der Mitarbeiter nicht nur wecken, sondern auch langfristig erhalten kann.

Das bedeutet im Großen und Ganzen (und sollte Ziel jeder Führungskraft sein):

- Man ist sich mit den Mitarbeitern einig über die gemeinsamen Ziele (Umsatz, Umgang mit Patienten und Patientenbesitzern, Marketing, Telefonservice etc; ▶ Abb. 4-4).
- Man fördert seine Mitarbeiter darin, sich selbst zu entwickeln (Übernahme von Fortbildungen, Spezialisierungswünsche berücksichtigen etc.).
- Die Kontrolle der Mitarbeiter wird in dem Maße durchgeführt, dass Aufgaben und Verantwortungsbereiche reflektiert werden.

**❗** „Der wichtigste Faktor für Mitarbeiterzufriedenheit, noch stärker als die Bezahlung, ist die Möglichkeit, auf die eigene Arbeitssituation und Arbeitsvollzüge Einfluss zu nehmen und sich damit als selbstwirksam zu erleben." (Lohmer et al. 2012, S. 68)

Wenn das alles so einfach ist, wie es klingt, wo liegt dann aber das Problem? Bereits 2001 veröffentlichte das Journal of Veterinary Medicine (JVME) einen Artikel über die notwendigen Kompetenzen für zukünftige Tierärzte (Humble 2001). Neben Kommunikationsfähigkeit und innovativem Denken wurden auch Führungsqualitäten, emotionale Intelligenz und Motivation aufgeführt. Als Eigenschaften für Führungspersonen wurden genannt:

- auf anspruchsvollem Niveau arbeiten
- inspiriert durch eine gemeinsame Vision, sodass alle gemeinsam handeln können
- den Weg zum Ziel formen und zu einer Herzenssache machen

Das Problem liegt darin, dass es viele Führungskräfte für nicht so wichtig halten, Teams und Mitarbeiter zu „führen". Ihre „Investitionen" müssen sich möglichst schnell rechnen; und wenn der Mitarbeiter nicht passt, dann wird er eben ausgetauscht. Der Fokus liegt auf Leistung und Ergebnisorientierung. Dies ist jedoch sehr kurz gedacht und entspricht eher einer traditionellen „Kommandokultur" als moderner Teamarbeit oder gar einem modernen Führungsideal (dieses Thema wurde bereits bei der Einführung der „emotionalen Intelligenz" angesprochen; ▶ Kap. 3.1.1). Die Gründe für solch ein Verhalten sind psychologisch also durchaus erklär-, aber in der heutigen Zeit nicht mehr haltbar.

Es gibt zudem einen weiteren Grund für dieses recht rücksichtslos erscheinende Verhalten: Unsere Ausbildung in der Tiermedizin ist sehr fachbezogen. Je höher der Abschluss, je besser die Leistung, je bekannter der Name, desto mehr Respekt wird der Person gezollt. Es wird gelernt, dass fachliche und methodische Kompetenzen höhere Priorität haben als soziale oder persönliche.

Eine Führungskraft dient als Vorbild, somit sind Kollegen durchaus beeindruckt von diversen Titeln und das sollten sie auch sein. Dennoch sollte eine Führungskraft auch eine Person sein, welcher man gerne „folgt". Die Rolle des Vorbilds bemisst sich nicht nur an der Expertise, sondern auch an dem Verhalten. Das Vorbild vereint nicht nur methodische und fachliche Kompetenzen, sondern auch soziale und kommunikative Fähigkeiten. Darüber hinaus gilt es aber auch in Führungspositionen: „Nur wenn die Führungskraft selbst nicht kontinuierlich über ihre eigenen Grenzen geht und das Prinzip der Life-Balance selbst vorlebt, kann sie glaubhaft für diese Haltung einstehen." (Lohmer et al. 2012, S. 48)

Eine leichte Aufgabe? Bei Weitem nicht!

Wichtig ist, nicht alles schwarz-weiß sehen zu wollen. Sie als Führungskraft sind weder eine „eierlegende Wollmilchsau" noch „Everybody's Darling". Und auch wenn nicht jeder in eine Führungsposition geboren wurde, kann man die dazu notwendigen Eigenschaften durchaus erlernen (Tierärzte sprechen ja gerne vom „lebenslangen Lernen" ...). Vor allem junge Tierärzte, die sich wünschen, einmal eine eigene Praxis zu eröffnen, sollten sich vorab auch mit diesem Thema beschäftigen: „Was ist eigentlich, wenn ich plötzlich Chef bin?".

Der Wunsch nach Autonomie, „sein eigener Herr sein", sein eigenes Geld verdienen und einen weiteren Schritt auf der Karriereleiter aufzusteigen oder auch alles „besser" zu machen, all das liegt weit vorn in der Prioritätenliste. Leider fällt bei diesen Überlegungen das Grundsätzliche weg: „Wie gehe ich mit meinen Mitarbeitern zukünftig um?"

Das kann fatal sein. Denn so fällt doch der eine oder andere aus allen Wolken, wenn er es plötzlich mit unzufriedenen Mitarbeitern zu tun hat oder selbst mit der Arbeit der Mitarbeiter unzufrieden ist.

Hinzu kommt, dass vor allem Führungskräfte in eine besondere Art der Zwickmühle geraten können, welche ich im folgenden Abschnitt ansprechen möchte.

### 4.3.3   Rollenkonflikt als Chef

Wenn Sie die Übung „Teamschiff bauen" bereits gemacht haben (▶ Kap. 4.2.1; Abb. 4-3), werden Sie sich mit Ihrer Rolle in Ihrem Team schon beschäftigt haben. Das ist vor allem für Führungskräfte eine sehr wichtige Sache, denn als Führungskraft muss man eine gute Balance finden zwischen der privaten Rolle und der Rolle im Beruf; vor allem Praxis- und Klinikinhaber vermischen diese beiden Rollen sehr stark, wenn sie sich vor der Gründung oder spätestens im Verlauf nicht mit dem Thema „Chefetage" befasst haben.

Diese Vermischung von Rollen ist nachvollziehbar, denn eine Klinik oder Praxis ist nicht ohne ein gewisses Maß an Herzblut aufzubauen. Man kann somit gar nicht erwarten, dass es hier zu keiner Vermischung von Privat- und Berufsleben kommt.

Aber dennoch. Um als Führungskraft angemessen im Arbeitsalltag agieren und reagieren zu können, bis hin zu einer späteren Abgabe der Praxis oder Klinik an jüngere Kollegen, muss man lernen, seine Privatrolle von der Organisationsrolle, welche man in der Führung hat, bewusst zu trennen. Oder in manchen Fällen auch bewusst nicht zu trennen.

Das alles klingt möglicherweise etwas verwirrend; daher möchte ich versuchen, diese Thematik genauer zu erklären.

Im beruflichen Alltag haben Sie eine Rolle als Führungskraft. Wir nennen sie einmal die „Organisationsrolle". Diese beinhaltet ihre Aufgaben als Chef, aber auch z. B. als leitender Angestellter mit Führungs- oder Personalaufgaben (hierunter fallen auch Tiermedizinische Fachangestellte, die das Personalmanagement übernommen haben). Wenn der berufliche Alltag vorüber ist, gehen Sie nach Hause. Dort haben Sie Ihre „Privatrolle". Sie gehen für die Familie noch auf dem Heimweg einkaufen, Sie müssen zu Hause noch einen Berg Wäsche waschen, Ihr Sohn möchte gerne, dass Sie nun endlich sein Fahrrad reparieren oder Sie haben Ihrem Vater versprochen, ihn mal wieder zu einer Partie Schach einzuladen.

Nun könnte man sagen: Das ist ja kein Problem. Auf der Arbeit bin ich Chef, zu Hause Vater, Mutter, Sohn oder Single. Stimmt. Aber jetzt kommt mein „Aber": Wenn Sie als Führungskraft auch im Unternehmen väterliche- oder mütterliche oder auch „schwesterliche" Gefühle für Mitarbeiter empfinden, dann haben Sie Ihre Rollen nicht getrennt (Mainka-Riedel 2013).

Jetzt werden Sie vielleicht entgegnen, dass es aber doch schön ist, wenn man sich auch im Arbeitsalltag mag und schätzt. Zudem hätte ich im vorherigen Abschnitt gesagt, man solle auf Mitarbeiter eingehen ... – Ja, stimmt. Dies möchte ich hier auch überhaupt nicht in Abrede stellen. Ich möchte aber auf Zwickmühlen aufmerksam machen, die nicht nur bei Ihnen Stress auslösen können, wenn die Vermischung von Privat- und Organisationsrolle uneingeschränkt stattfindet:

- Die Führungskraft hegt väterliche oder mütterliche Gefühle für einen Mitarbeiter. Dies kann zur Folge haben:
  - Eifersucht im Team durch (unbewusste) Bevorzugung
  - Abnahme von Eigenverantwortung des betroffenen Mitarbeiters
  - Konflikte bei der Übernahme der Praxis oder Klinik durch genau diesen Mitarbeiter, da durch eine gewisse kindliche Abhängigkeit nie auf Augenhöhe gearbeitet werden konnte. Damit kann die neue Führungsposition durch den Ruheständler nicht anerkannt werden (▸ nachfolgendes Fallbeispiel)
- Die Führungskraft spricht Konflikte oder andere Probleme (z. B. Nichterreichen vereinbarter Ziele) nicht an, aus Angst, jemanden zu enttäuschen oder weil man weiß, dass bei dem Mitarbeiter gerade privat viel Stress herrscht. Dieses „Vor-sich-her-Schieben" aus einem Harmoniebedürfnis heraus führt aber nur zu mehr Unruhe und Stress bis hin zu einer Eskalation der Situation.

## Fallbeispiel

In einer anfangs kleinen Gemischtpraxis „wuchs" eine neue Teilhaberin heran: zu Beginn als studentische Hilfskraft, nach dem erfolgreich absolvierten Veterinärmedizinstudium als Assistentin. Irgendwann kam das Angebot, als Teilhaberin einzusteigen. Dies ging acht Jahre lang augenscheinlich gut. Dann kam sie auf mich zu und schilderte ihr Problem: Die ursprüngliche Praxisinhaberin und ehemalige Chefin sehe sie noch immer als das „Kind" im Team. Sie stehe zwischen den Stühlen. Zum einen wäre sie selbst nun Chefin und würde daher nicht mehr zu den Assistenten gehören. Zum anderen sähe die Chefin sie nicht als gleichwertig an und sie fühle sich daraus resultierend auch nicht der Chefetage zugehörig. Diese Schwebeposition mache sie schon seit Jahren fertig und sie müsse jetzt etwas ändern.
Ich verschaffte ihr eine neue Position als Angestellte in einer anderen Praxis, in der sie sich nun wohlfühlt und akzeptiert wird.
Was war passiert? Die „alte" Chefin hatte sich nie von ihrer Mutterrolle beim Aufbau der jungen Assistentin zur Teilhaberin lösen können. Dies führte am Ende zum Bruch.

In einer sogenannten „Sandwichposition" (z. B. im Personalmanagement oder als Tiermedizinische Fachangestellte mit Führungsaufgaben) ist diese Trennung von Privat- und Organisationsrolle noch dringender, denn hier muss man zwei Ebenen gerecht werden: der Praxis- oder Klinikführung und den Mitarbeitern bzw. dem Team (Mainka-Riedel 2013).

Diese Schere nun soweit schließen zu können, um als faire Führung anerkannt zu werden, ohne in einer Doppelrolle unterzugehen, darin liegt die Kunst. Man muss stets und ständig die Anforderungen beider Rollen ausbalancieren, um ein möglichst großes und damit stressfreies Harmonieempfinden zu erreichen, ohne dabei die wirtschaftlichen Ziele aus den Augen zu verlieren.

Und nun wiederhole ich mich: Eine leichte Aufgabe? Nein. Bei Weitem nicht! Viele scheitern an dem persönlichen Anspruch, allen gerecht zu werden, oder sind permanent frustriert. Daher sollte sich jede Führungskraft dessen bewusst sein dürfen, welche Anforderungen sie tagtäglich meistert und wie gut sie es in der Vergangenheit sicherlich auch schon geschafft hat!

An dieser Stelle auch ein kurzer Hinweis an alle Angestellten ohne Führungsaufgaben: Ihre Chefs haben es wirklich nicht leicht, in allen Bereichen gleich gerecht zu sein. Halten Sie dies ab und an im Hinterkopf. Ich bin mir sicher, es würde in vielen Situationen helfen, auch hier etwas Empathie in die Führungsebene zu bringen.

Schauen Sie sich jetzt noch einmal Ihr Teamschiff an (► Kap. 4.2.1; Abb. 4-3). Vielleicht möchten Sie es erneut malen? Vielleicht betrachten Sie es jetzt aus einem weiteren Blickwinkel? Vielleicht möchten Sie das Teamschiff aber auch Ihren Rollen zuordnen? Ein Schiff für Ihre Privatrolle, eines für Ihre Organisationsrolle? Probieren Sie es aus!

# 5 Stressmanagement

Nun also sind wir angekommen bei dem eigentlichen Thema dieses Buches, dem Stressmanagement. Ich hoffe, Sie konnten bereits einige Ideen entwickeln, wie Sie Ihre Einstellung gegenüber Dingen beeinflussen, ja womöglich ändern können, um das Stressempfinden im Arbeitsalltag zu reduzieren.

In diesem Kapitel geht es unter anderem darum, sich konkrete Tipps abzuholen, wie Sie Ihr Stressempfinden auch im Alltag reduzieren können. Der Begriff „Stressmanagement" ist eigentlich schlecht gewählt, denn Stress kann man nicht managen, er hört nicht auf uns. Viel besser wäre „Stressvermeidung", „Resilienz" oder „Entschleunigung".

Wie dem auch sei: Stressmanagement ist ein gängiger Begriff, jeder versteht, was damit gemeint ist, daher soll er auch hier verwendet werden.

---

**Definition**

**Stress** (lat. *stringere* = anspannen)
erhöhte Beanspruchung, Belastung physischer oder psychischer Art
(umgangssprachlich) Ärger

**Stressor** (nach psychologisch orientiertem Stresskonzept; Pritzel et al. 2009, S. 324)
„Wesentliches Merkmal eines als stresshaft empfundenen Reizes ist […] die Wechselwirkung zwischen physikalischem Reiz und psychologischer Einschätzung."

---

## 5.1 Die Physiologie hinter der Stressreaktion

Manch einer behauptet, er könne besser und schneller unter Stress arbeiten, er „brauche" Stress, um effektiv zu sein. Ob man das nun wirklich positiv werten möchte, bleibt jedem selbst überlassen. – Wenn die einen so gut mit „Stress" zurechtkommen, warum sitzen dann andere nach einem „stressigen" Tag weinend in der Ecke und fragen sich, wie sie noch so einen Tag überstehen sollen oder können?

In der Wechselwirkung zwischen der Aufnahme eines Reizes durch unsere Sinne und der Bewertung und Einschätzung durch unseren Körper bestehen stets individuelle Unterschiede. Dass Menschen nicht gleich sind, haben wir bereits bei der „persönlichen Interpretation der Umwelt" (► Kap. 3.2.1) kennengelernt.

Als Tierärzte kennen wir uns mit stressbedingten Reaktionen aus. Wir wissen, was Stress im Körper bewirkt, können unsere Patienten dahingehend auch „lesen" und berücksichtigen die Beeinflussung unterschiedlicher Stressfaktoren auf physiologische Parameter, sodass wir diese in unsere Diagnosestellung mit einfließen lassen können. Interessanterweise übertragen viele Kollegen dieses sehr spezifische Wissen jedoch nicht auf sich selbst – oder ignorieren es schlichtweg („Ich komme mit Stress super klar!").

Dabei kennen wir die Symptome: erhöhter Herzschlag, schnellere Atmung, beim Menschen feuchte Hände, bei Hund und Katze feuchte Pfoten. Wir schreiben es dem Adrenalin und Noradrenalin zu, welches aus dem Nebennierenmark durch Aktivierung des sympathischen Nervensystems ausgeschüttet wird.

Die Aktivierung der Hypophysen-Nebennieren-Achse bei Stress sollte ebenso bekannt sein. Sie stellt das „langsamere System" dar: Durch die Ausschüttung von ACTH aus der Adenohypophyse, getriggert durch den Hypothalamus, wird die Ausschüttung von Glucocorticosteroiden (Cortisol und Corticosteron) durch die Nebennierenrinde stimuliert. Corticotropine wirken auch auf Hirnstrukturen wie Amygdala und Hippocampus und rufen „Glücksgefühle" hervor. Auch dies sollte bekannt sein.

Wussten Sie aber, dass sich ein Übermaß an Cortisol im Gehirn auch negativ auswirken kann? Vor allem im Hippocampus, wo es viele Rezeptoren für Cortisol gibt, kann ein „zu viel" zu einer neuronalen Atrophie führen. Diese Schädigungen können sich auch auf Emotion und Lernen auswirken, denn eine Zerstörung hippocampaler Strukturen beeinträchtigt das explizite Kurzzeitgedächtnis (Pritzel et al. 2009). Auch Noradrenalin spielt in dieser Hinsicht eine Rolle. Werden Catecholamine durch andauernden und unkontrollierbar erscheinenden Stress peripher und zentral vermehrt synthetisiert, wird nicht nur die selektive Aufmerksamkeit für Stressreize erhöht, sondern es kommt auch hier zu Zellverlust im Hippocampus (Birbaumer u. Schmidt 2006).

Wenn wir aber alle unterschiedlich auf Sinnesreize reagieren, wie werden diese verarbeitet?

Ein Großteil der Informationsverarbeitung läuft ohne Mitwirkung des Bewusstseins ab. Durch das Filtern von Sinnesreizen größtenteils durch den Thalamus, welcher in den Wänden des Zwischenhirns liegt, „erkennen" wir nur die Reize bewusst, die für uns entweder durch Erfahrungen einen höheren Stellenwert haben oder die eine gewisse Schwelle übersteigen, sodass sie für uns bzw. in der Verarbeitung im Cortex interessant werden. Vom Thalamus geht es über den primären und sekundären sensorischen Cortex zu entsprechenden Assoziationsgebieten. Hier findet die Verknüpfung von Sinnesempfindung, Gedächtnis und Erwartung statt.

Im Thalamus wird somit im übertragenen Sinne entschieden: Wichtig und weiter an Cortex? Oder direkte Reaktion ohne Beteiligung des Cortex? Werden Reize mit dem Cortex „ausgetauscht", werden uns diese bewusst; werden sie nicht „ausgetauscht", reagiert unser Körper erst einmal unter Ausschluss des

Bewusstseins. Natürlich können diese beiden Optionen kombiniert werden und auch die Einbeziehung von Gefühlen und Emotionen spielt hier eine wichtige Rolle.

Klassisches Beispiel ist die Reaktion im Halbdunkeln auf einen Stock: Der Thalamus bewertet das Sehen eines Stocks als „Gefahr", denn es könnte auch eine Schlange sein, und reagiert sofort (neuronal, Ausschüttung Adrenalin). Wir empfinden Furcht. Parallel dazu kommt es zu einem Austausch mit dem Cortex, welcher den Stock schlussendlich als Stock erkennt und den „ersten Schreck" abmildert: Entwarnung, kein Grund zur Panik.

Doch der Thalamus ist nicht die einzige „aktive" Instanz bei der Bewertung von Sinnesreizen. Auch wenn fast alle afferenten Reize über den Thalamus verschaltet werden, gibt es auch kollaterale Bahnen in andere Gebiete. Dazu gehört das Riechen, welches darin begründet liegt, dass der Bulbus olfactorius eine Ausstülpung des Telencephalons ist. Mehrere Bahnen erreichen nicht nur den Thalamus und über ihn den Neocortex (bewusste Wahrnehmung), sondern auch die Amygdala (emotionale Kompetente der Geruchswahrnehmung) und den Hippocampus (Erinnerung an Düfte). Auch das gustatorische System umgeht mit Kollateralen den Thalamus und zieht zu Amygdala und Hypothalamus. Diese geschmacklichen Reize lassen uns freudig auf unser Lieblingsessen reagieren oder aber mit Ekel auf Speisen, mit welchen wir uns einmal den Magen verdorben haben (Pritzel et al. 2009). Als Kernstrukturen des „emotionalen Gehirns" sind unter anderem zu nennen der präfrontale Cortex (emotionales Erleben), die Amygdala (zentrale Region emotionaler Verarbeitungsprozesse inklusive emotionalem Lernen) und der anteriore cinguläre Cortex (Integrationszentrum von visceralen, emotionalen und kognitiven Informationen, Sitz von z. B. Mitgefühl und Konfliktlösungsvermögen) (Eder u. Brosch 2017).

Betrachtet man die Stressreaktion des Körpers im Verlauf der Zeit, so kann man physiologisch drei Phasen unterscheiden: eine Vorphase, in der die Energie des Körpers gebündelt wird, gefolgt von einer Alarmphase, in welcher der Körper auf den Stressreiz mithilfe oben bereits angesprochener Strategien reagiert. Sobald der Stressreiz abgeklungen ist, fällt auch sprichwörtlich der „Stress von uns ab". Wir entspannen uns, der Körper fällt in einen eher vagusdominierten Bereich. In dieser Erholungsphase können wir neue Kräfte für eine nächste stressige Situation sammeln (Birbaumer u. Schmidt 2006).

## 5.2 Stress im positiven Sinne

Objektiv betrachtet ist Stress also ein Phänomen, mit dem unser Körper tagtäglich zu tun hat. Ob es sich um die Adaptation unseres Auges an Lichtverhältnisse handelt oder um den Kampf gegen Grippeviren. Und gut, dass der Körper ganz von sich aus schon mit Stress unterschiedlichsten Ausmaßes zurechtkommen kann.

Wie wir Situationen erleben, welche Gefühle sie auslösen, kann sowohl evolutionär fixiert als auch erlernt sein. Wenn wir als Kleinkind z. B. eine ganz natürliche Angst vor dem Dunkeln haben, welches uns in „früheren Zeiten" (also vor mehreren tausend Jahren) das Leben retten konnte und sollte (Schutz vor Wildtieren, Nähe zu wehrhaften Erwachsenen), dann können wir durchaus mit dem Erwachsenwerden lernen, dass eine Angst vor dem Dunkeln in heutiger Zeit überflüssig ist: Das Kind „verlernt" die Angst. Auch Neophobien sind ein gutes Beispiel der natürlichen Reaktion auf das Unbekannte versus Angstextinktion durch Habituation und Lernen.

Stressreaktionen des Körpers helfen uns zu überleben, indem der Körper schnell dazu mobilisiert wird, Energie freizusetzen. Aber da das Überleben inzwischen sehr viel leichter ist als noch in der Steinzeit, ist das Argument, warum Stress positiv sein soll, noch lange kein Grund, sich Stress schönzureden.

Also wollen wir noch etwas tiefer in die Thematik „positiver Stress" eintauchen.

Wann empfinden oder empfanden Sie Stress im positiven Sinne? Sicherlich fallen Ihnen inzwischen nicht mehr so viele Situationen wie in Ihrer Kindheit ein: „Der Weihnachtsmann kommt! Ob er mir was mitgebracht hat?", „Ich hab morgen Geburtstag!" (Vorfreude, Herzrasen, feuchte Hände usw.) Und was kam danach? „Soll ich sie jetzt küssen oder nicht?", „Er liebt mich, er liebt mich nicht …". Oder dann die Verleihung Ihres Abiturzeugnisses, der Abschlussball nach erfolgreicher Approbation usw.

Um von dem Negativsymbol „Stress" ein wenig wegzukommen, nehmen Sie sich bitte ein kleines Programm vor.

## Übung

### „Positiver" Stress

Ich möchte, dass Sie Folgendes und dauerhaft tun:
Nehmen Sie sich für den jetzigen Augenblick ein paar kleine Zettel zur Hand (z. B. nichtklebende Post-it's) und schreiben Sie ganz spontan auf, in welchen Situationen Sie so etwas wie positiven Stress empfunden haben: Glück, Vorfreude, Kribbeln im Bauch etc. Diese Zettel packen Sie in eine Dose oder in ein schönes Glas (Sie dürfen gern etwas kreativ sein).
Nun kommt Ihre „Daueraufgabe":
Wann immer Sie etwas erleben, was sich für Sie positiv anfühlt, dann notieren Sie dies in der gleichen Art und Weise, wie oben schon beschrieben, und fügen Sie die neuen Zettelchen zu Ihren alten hinzu. Dazu gehören durchaus auch zuerst negativ empfundene Stressmomente, die Sie erfolgreich gemeistert haben und worauf Sie im Anschluss stolz waren (z. B. Prüfungen oder kritische Krankheitsverläufe).
Am Ende des Jahres oder wann immer es Ihnen schlecht geht, nehmen Sie ein oder mehrere Zettelchen heraus und erinnern Sie sich.

**Achtung!** Diese Übung hat allerdings zwei zu beachtende „Stolperfallen":
- Ihnen fällt nichts Positives ein. – Bitte nehmen Sie dann wirklich jedes kleinste Detail. Manchmal müssen die Gedanken erst „ins Rollen" kommen. Sollte das auch nicht helfen, dann bitte ich Sie, mit jemandem darüber zu sprechen oder diese Übung nicht alleine durchzuführen.
- Schöne, aber schmerzhafte Erinnerungen. – Ja, diese hat jeder in irgendeiner Form. Erinnerungen sind die vielleicht schmerzvollste Art des Vergessens. Aber dafür auch die Schönste und Wertvollste. Scheuen Sie sich also nicht, auch solche Erinnerungen „wieder aufleben" zu lassen.

Sie werden nun hoffentlich feststellen, dass Stress das Leben durchaus bereichern kann und es uns manchmal hilft, uns dessen auch bewusst zu sein: Spannung, Aufregung, sich lebendig fühlen. Stress bewirkt, dass wir in unterschiedlichsten Situationen zu Höchstleistungen imstande sind (Mainka-Riedel 2013).

Stress als etwas Positives zu empfinden, als Quelle neuer Kraft, ist nicht immer einfach. Man muss seine Ressourcen kennen und/oder kennenlernen, um Krisen erfolgreich bewältigen zu können. Denn dieser Erfolg gibt uns nur noch mehr Kraft, eine nächste Krise vielleicht sogar noch besser überstehen zu können. Diese Fähigkeit, diese „Widerstandskraft" nennt man **Resilienz** (▶ Abb. 5-1).

Die Entwicklung einer Resilienz basiert auf mehreren Ressourcen, welche in der Literatur zwar unterschiedlich diskutiert werden, aber am Ende doch das gleiche vermitteln: verschiedene Wege und Strategien, Kraft zu schöpfen. Wundern Sie sich somit nicht, wenn Sie bei der Eigenrecherche auf andere Faktoren treffen.

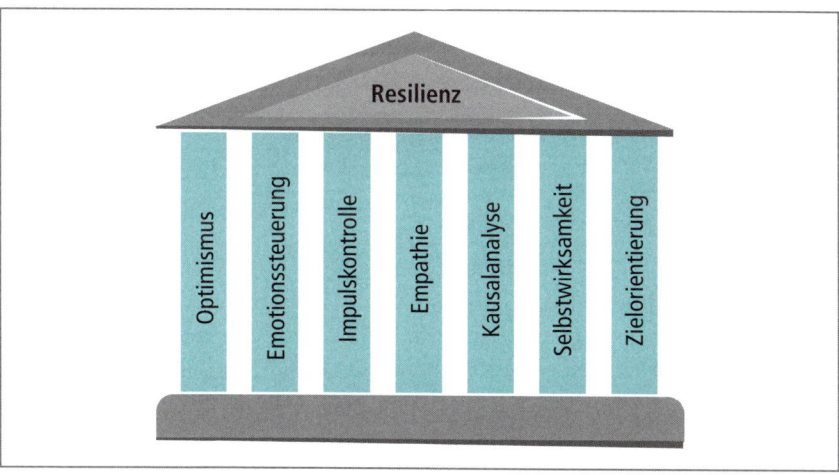

**Abb. 5-1** Die Säulen der Resilienz

In ▸ Abbildung 5-1 sind die meiner Meinung nach wichtigsten Faktoren beschrieben (angelehnt an Reivich u. Shatté 2002):

- Optimismus
- Emotionssteuerung
- Impulskontrolle
- Empathie
- Kausalanalyse
- Selbstwirksamkeitsüberzeugung
- Zielorientierung

**Optimismus**, als erster Begriff, ist vermutlich jedem klar. Wer alles negativ sieht
oder an allem Kritik übt, der sieht auch in stressigen Situationen ausschließlich
das Negative. In diese Kategorie fällt der bereits bekannte psychologische Trick,
sich morgens im Spiegel mit einem (wenn auch gezwungenen) Lächeln zu begrü-
ßen. Das erste Lächeln mag vielleicht noch ironisch wirken, aber je häufiger man
sich im Spiegel anlächelt, desto mehr hebt sich die Laune. Oder kennen Sie „Lach-
therapien"? Auch diese schlagen in die gleiche Kerbe: Lache, dann geht's Dir gut!

Denken Sie hierbei aber bitte nicht an das Aufsetzen einer „rosa Brille". Es
geht um eine Gewissheit, dass Krisen überwältigt werden können und es „auch
wieder besser wird". Es geht um Zuversicht.

**Emotionssteuerung** und im weiteren Sinne auch die **Impulskontrolle** beinhalten die Fähigkeit, sich selbst soweit analysieren zu können, um in einem
weiteren Schritt gezielt nach Lösungen zu suchen. Wer seine Emotionen kennt
und Impulse in die richtigen Bahnen lenkt, kann eine Haltung der Akzeptanz
und Kontrolle einnehmen, die uns (neue) Stärke verleiht. Hierzu zählt auch der
Begriff der Volition.

**Empathie** ist ein wichtiger Baustein der bereits bearbeiteten emotionalen
Intelligenz. Wer es schafft, sich durch Empathie ein stabiles soziales Netzwerk
aufzubauen, kann in Krisenzeiten darauf als Ressource und Hilfe zurückgreifen.

Die **Kausalanalyse** stammt ursprünglich aus der Statistik zur Erforschung
ursächlicher Zusammenhänge. Auf persönliche Probleme oder das Stressmanagement übertragen geht es um eine Wenn-Dann-Analyse oder eine Je-Des-
to-Aussage, die uns in unserer persönlichen Entwicklung einen gewissen Erfahrungsschatz bringt, aus dem wir zu späteren Zeiten in ähnlichen Situationen
schöpfen können.

Wer von seiner Selbstwirksamkeit überzeugt ist, ist davon überzeugt, Probleme auch ohne Hilfe meistern zu können. Bei Tierärzten wird dieser Punkt vor
allem im Zusammenhang mit Leistungsfähigkeit gerne überschätzt und kann bis
hin zum Negieren von Fehlern oder zu einem unverbesserlichen Perfektionismus
führen. Auf der anderen Seite scheinen vor allem die jüngeren Tierärzte eine sehr
geringe **Selbstwirksamkeitsüberzeugung** zu haben.

Wo auf der einen Seite somit etwas gebremst werden sollte, um diesen Punkt
realistisch betrachten zu können, benötigen die anderen vielleicht mal einen

kleinen Schubs, um den Mut aufzubringen, Probleme selbst zu lösen. Denn nur, wenn man Probleme selbst gelöst bekommt, steigt die Selbstwirksamkeitsüberzeugung. Man verlässt seine Opferrolle und wird selbst aktiv anstelle darauf zu hoffen, dass jemand anderes die Probleme löst.

Wer seine Zukunft plant, agiert **zielorientiert**. Und wer seine Ziele kennt, ist geradliniger, vielleicht auch mal dickköpfiger oder direkter. Die Übertreibung dieses Punktes stellt aber das typische „mit dem Kopf durch die Wand rennen" dar. Zielorientierung ist noch immer eine „Orientierung", kein „Zielmarathon".

Wer es schafft, in Krisenzeiten oder stressigen Situationen seine persönliche Resilienz zu entwickeln und zu bewahren, schafft es nicht nur, gestärkt aus Problemsituationen herauszutreten. Man schafft es zudem, auch positive Seiten des Stresses zu betrachten oder klare Grenzen zu erfahren, wann Stress für uns mehr Kraft einfordert als mobilisiert. Und das ist ein wichtiger Punkt! Mit Resilienz bekämpfen Sie nicht die Ursachen von Krisen oder Problemen. Resilienz bedeutet nicht, dass Sie möglichst flexibel oder anpassungsfähig sein müssen, um Stress als etwas Positives bewerten zu können. Sie müssen nicht auf Biegen und Brechen Krisen unbeschadet überstehen wollen. Manchmal muss man sich tatsächlich auch wehren und versuchen, Gegebenheiten zu ändern, mit denen man schlicht nicht zurechtkommt.

## 5.3     Stress im negativen Sinne

Der früher „wichtigmachende" Satz „Ich hab keine Zeit!" oder „Sorry, bin im Stress!" löst heutzutage eher Kopfschütteln als Bewunderung aus. Inzwischen gelten diejenigen als „cool", die vollkommen entschleunigt sind, aber dennoch etwas aus sich machen. Was aber, wenn Stress rundum negativ empfunden wird? Wie wir in ▶ Kapitel 5.1 erfahren haben, wird bei bereits vorhandenem Stress die selektive Wahrnehmung stressbehafteter Reize nochmals verstärkt.

Ein negativer Stressreiz ist natürlich zum einen abhängig von der objektiv-physikalischen Intensität, die wir nicht in der Hand haben. Um aber eine Resilienz entwickeln zu können, überwiegt am Ende die Bewertung von Stressreizen auf der subjektiv-psychologischen Ebene.

Zudem haben wir in ▶ Kapitel 5.1 die drei Phasen des Stressreizes kennengelernt: Vorphase, Alarmphase und Erholungsphase (▶ vgl. Abb. 5-2). Vor allem die Erholungsphase ist notwendig, um den Körper die verlorene Energie wieder auftanken zu lassen; genauso wie beim Auto lässt sich mit „leerem Tank" nicht fahren.

Fehlt diese Erholungsphase und folgt auf einen Stressreiz sogleich ein nächster, ist dies in der Regel auch noch gut verkraftbar (Kurzzeitstress), auch wenn die Erholungsphasen kürzer werden. Kommt es jedoch zu vielen Stressreizen nacheinander, so verfällt der Körper in eine Art „Dauer-sympathisch-dominier-

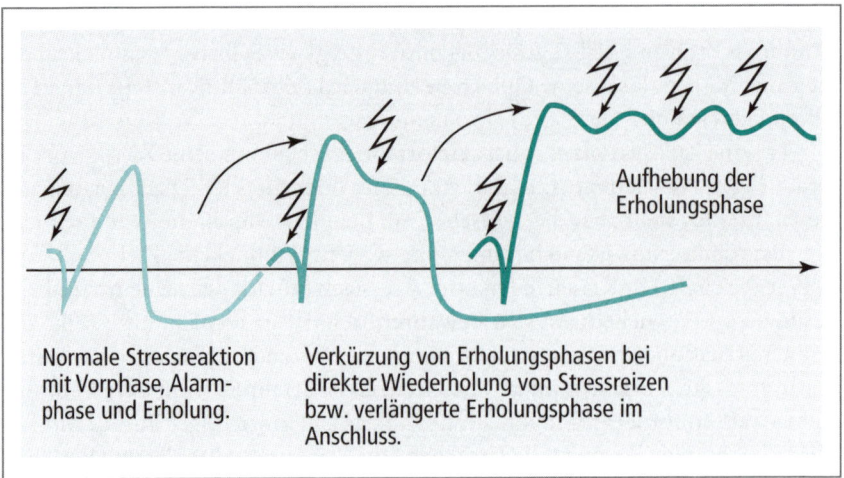

Normale Stressreaktion
mit Vorphase, Alarm-
phase und Erholung.

Verkürzung von Erholungsphasen bei
direkter Wiederholung von Stressreizen
bzw. verlängerte Erholungsphase im
Anschluss.

Aufhebung der
Erholungsphase

**Abb. 5-2** Stressreiz und Erholungsphasen

ten Bereich". Es entsteht ein Plateau, von dem aus eine Erholung nur noch schwer möglich ist, und man erkrankt an den Folgen des Stresses (Langzeitstress). Wo kurzzeitiger Stress somit Energiereserven mobilisiert, werden diese von Langzeitstress unterdrückt.

Menschen, die von einem solchen Plateau betroffen sind, hört man dann z. B. sagen: „Ich brauche fast eine Woche, um im Urlaub endlich runter zu kommen." Oder: „Ich kann abends nicht einschlafen, weil ich nicht zur Ruhe komme!" In dieser Phase manifestieren sich auch Erkrankungen wie z. B. Rücken- und Kopfschmerzen oder reduzierte Resistenz gegenüber „gängigen" Erkrankungen wie Grippe. Zudem erhöht sich die Wahrscheinlichkeit, an einem Erschöpfungssyndrom zu erkranken. Persistiert die Erschöpfungssymptomatik, welche unter anderem nichterholsamen Schlaf, unproportioniert starke Erschöpfung nach Anstrengung, Störung der Konzentration oder des Kurzzeitgedächtnisses, Halsschmerzen, empfindliche oder schmerzhafte Lymphknoten, Gelenk-, Muskel oder Kopfschmerzen beinhaltet, länger als sechs Monate, dann leidet man an einem chronischen Erschöpfungssyndrom (Martin u. Gaab 2011). Der Weg von hier zu Depression und Burnout ist nicht mehr weit. „Der Spiegel" zitierte in seinem Artikel „Volk der Erschöpften" bereits 2011 die WHO, die bis zum Jahr 2030 Depressionen als weltweit „wichtigste Ursache von Krankheitslasten" beschrieb (Dettmer et al. 2011).

Auch der Einfluss von mentalem Stress auf das Herz-Kreislauf-System mit der Folge von Kardiomyopathien ist inzwischen belegt (Jiang 2015). Erweiternd hat man festgestellt, dass Menschen, die unter hohem Stress stehen oder unter Depression leiden, eine veränderte Wahrnehmung somatosensorischer Reize haben. Sie sind unempfindlicher gegenüber Temperaturschwankungen oder

Schmerzreizen. Die Körperwahrnehmung ändert sich somit einhergehend mit zentralnervösen Modifikationen (Pritzel et al. 2009).

Wie Langzeitstress bewältigt wird, hängt davon ab, wie aktiv oder passiv man agiert oder agieren kann. Wo aktive Bewältigung und Konfrontation mit dem stressauslösenden Reiz eher Stressantworten reduziert, führt erfolglose Bewältigung zur Ausprägung von Krankheiten. Hier kann man auch von einer erlernten Hilfslosigkeit sprechen.

Bedauerlicherweise kann Stress nicht zu einer Habituation führen. Sprüche wie „An den Stress habe ich mich schon gewöhnt" sind damit eher aus dem Kontext zu verstehen, dass man Strategien entwickeln konnte, mit einem vorherrschenden Stressreiz zurechtzukommen. Und darum geht es schlussendlich: Kann man den Stress nicht aktiv „abschalten" oder vermindern, bleibt einem nur die Alternative, Bewältigungsstrategien zu entwickeln, sowohl auf physiologischer als auch auf psychologischer Ebene.

## Fallbeispiel

Eine Kollegin aus einer großen Gemischtpraxis brauchte fast drei Jahre, bis sie erkannte, dass sie unter Langzeitstress litt. Sie beschrieb Einschlafstörungen, Durchschlafprobleme, keine gefühlte Erholung an vermeintlich freien Tagen. Sie entschied, dass sie sich nun endlich wirklich erholen müsse, und verließ die Praxis für zwei Monate, um durch Amerika zu reisen.

Tatsächlich kam sie im Anschluss sehr erholt, glücklich und motiviert zurück. Drei Wochen später fragte ich sie, wie es ihr ginge. Sie meinte, die zwei Monate wären zwar wunderschön gewesen, aber an ihrem Zustand hätte es doch nichts geändert. Sie hatte das gleiche Gefühl wie vorher, im Dauerstress zu versinken.

Was war falsch gelaufen? Sie hatte genauso weitergemacht wie vor ihrer ausgiebigen Erholungsphase. Hier hätte nach Rückkehr mindestens eine Änderung des Zeitmanagements stattfinden müssen, welches in diesem Fall einen der größeren „Knackpunkte" darstellte.

**Fazit:** Stress ist okay, stressige Phasen sind auch in Ordnung, solange man absehen kann, wann es wieder besser wird. Dies gibt uns Kraft, durchzuhalten. Aber Stress ohne ein absehbares Ende, ohne „Licht am Ende des Tunnels" – das macht uns dauerhaft krank und sollte beim besten Willen verhindert werden. Leider kann uns niemand retten, außer wir uns selbst! Daher muss jeder für sich selbst Wege finden, den persönlichen Stresslevel zu minimieren. Denn was folgt sonst?

Rufen Sie sich die depressive Spirale (▸ Kap. 2.1; Abb. 2-1) nochmals in Erinnerung: Auf Niedergeschlagenheit und Antriebslosigkeit folgt eine negative Grundhaltung, die es uns nicht mehr ermöglicht, positive Erlebnisse zu erkennen. Jede Kritik wiegt um ein Vielfaches mehr als jedes noch so starke Lob.

Die Stimmung wird schlechter, wir werden freudlos, ziehen uns immer mehr zurück, vermeiden soziale Kontakte, finden ggf. in Suchtmitteln neue Freunde und landen am Ende im Burnout und der Depression. Etwas weicher formuliert: Wir erleiden am Ende ein Erschöpfungssyndrom, welches sich bis zur „totalen Erschöpfung" (dem eigentlichen „Burnout") steigern kann (Bergner 2010).

In den letzten Jahren sind die Krankheitstage insgesamt in der Gesellschaft durch psychische Arbeitsunfähigkeit deutlich nach oben gegangen, nicht nur in der Tiermedizin. Dies hat mit mannigfaltigen Gründen in der Gesellschaft, Demografie bis hin zur Weltwirtschaft zu tun. Laut Fehlzeiten-Report 2012 des Wissenschaftlichen Instituts der AOK z. B. haben sich seit 1994 bis 2011 die Arbeitsunfähigkeitsfälle durch psychische Störungen mehr als verdoppelt. Hier genannte Probleme sind: ständige Erreichbarkeit, häufige Überstunden, wechselnde Arbeitsorte und lange Anfahrtswege.

Es ist also überaus wichtig, dass wir auf uns selbst so aufpassen, dass wir nicht unter die Räder kommen. In dieser Hinsicht sollte man sich auch sehr stark mit der persönlichen Leistungskurve auseinandersetzen. Denn neben fachlichen und methodischen Kompetenzen, die uns im tierärztlichen Alltag das Gehalt sichern, neben Soft Skills, die unsere Kunden gut stimmen und neben unseren Führungs-erfahrungen spielt auch die Leistungsfähigkeit eine Rolle. Hierbei unterscheidet man jedoch tatsächlich die Leistungsfähigkeit und die Leistungsbereitschaft: Wer bereit ist, viel zu leisten, hat noch lange nicht die Fähigkeit dazu. Und wenn man sich hier übernimmt und über seinen „Flow" hinaus arbeitet, der tut sich langfristig gesehen nichts Gutes. Den Zusammenhang zwischen Stimulus und Reaktion fanden bereits 1908 die Psychologen Yerkes und Dodson in Experimen-ten mit Mäusen heraus. Dieser Zusammenhang wurde nachfolgend aufgegriffen (1911 wurden die Experimente mit Hühnern wiederholt, 1915 mit Kätzchen) und die Idee weiterentwickelt. Es folgten Zusammenhänge zwischen Belohnung und Lernfähigkeit bzw. Bestrafung und Lernfähigkeit (wie viel Belohnung oder Be-strafung muss erfahren werden, um schnell zu lernen?). Später wurde die Kurve auf den Zusammenhang zwischen Motivation und Lernen bzw. Motivation und Leistung mit „Flow" oder „Drive" (also dem persönlichen „Fluss") als optimales Level übertragen. Inzwischen wird die umgedrehte U-Kurve sowohl für das Beschreiben des Zusammenhangs zwischen Produktivität und Erregung oder Stress sowie Motivation und Forderungsgrad angewendet, je nachdem, wie das „Yerkes-Dodson-Gesetz" interpretiert wird (Teigen 1994).

Ich habe mich in meiner ▸ Abbildung 5-3 für den Zusammenhang zwischen Leistungsfähigkeit und Grad der Anforderung entschieden. Denn: Ist der Grad der Anforderung für uns persönlich zu niedrig, langweilen wir uns oder sind unkonzentriert. Ist der Grad der Anforderung zu hoch, sind wir ebenfalls nicht leistungsfähig durch völlige Überforderung. Ist der Grad der Anforderung jedoch genau „passend für uns", sind wir motiviert, engagiert und insgesamt leistungsfähig. Diesen „Flow" für sich zu finden, liegt in der täglichen Aufgabe, wenn wir uns um uns selbst kümmern.

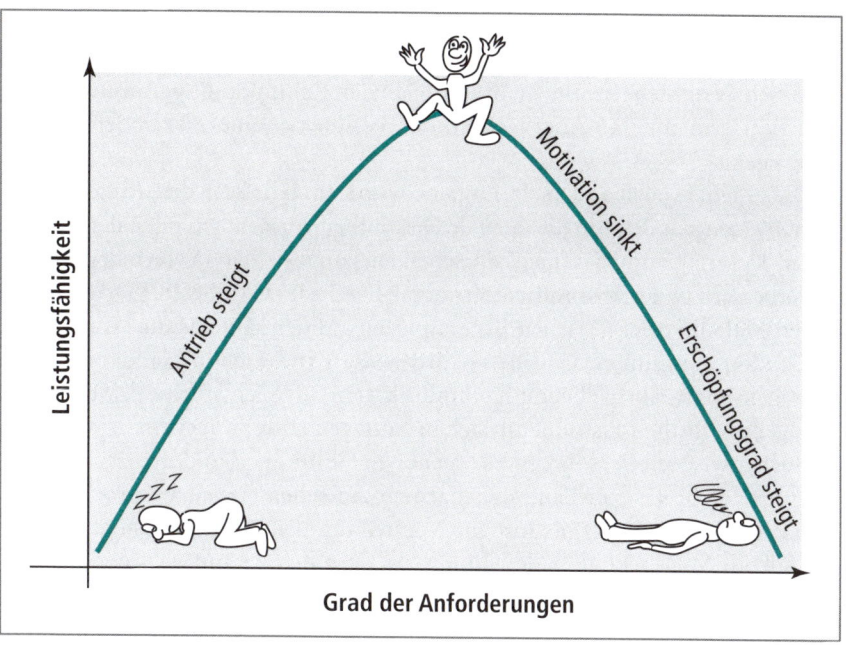

**Abb. 5-3** Grad der Anforderung vs. Leistungsfähigkeit: Wann befinde ich mich in meinem persönlichen „Flow"?

Bedrückenderweise beginnen der Stresslevel und das Überschreiten der persönlichen Leistungsfähigkeit nicht erst mit dem Einstieg in das tierärztliche Berufsleben. Bereits Studierende der Veterinärmedizin sind gestresst, wie eine Studie der AOK 2016 bestätigen konnte. Hierbei litten besonders weibliche Studierende an den Anforderungen des Studiums. Stress durch Zeit- und Leistungsdruck sowie die Angst vor Überforderungen lagen dabei an der Spitze.

Dies bestätigt auch eine Studie aus Nordamerika, in welcher festgestellt wurde, dass Studierende der Veterinärmedizin während der gesamten Ausbildung (hier vier Jahre) einem hohen Stresslevel ausgesetzt sowie mit Depressionssymptomen konfrontiert sind. Auch hier waren junge Frauen stärker betroffen als ihre männlichen Kommilitonen (Killinger et al. 2017). Kombiniert mit Desillusionierung und dem teilweise noch immer vorherrschenden Hierarchiesystem kein wirklich enthusiastischer Einstieg in den tierärztlichen Beruf. Die Folge? Schon im Studium entwickeln sich Schlafstörungen, Konzentrationsschwierigkeiten und Lustlosigkeit. Die Motivation, in die praktische Tiermedizin einzusteigen, sinkt und bereits junge Kollegen wandern ab in andere Branchen, sodass den praktizierenden Tierärzten am Ende der Nachwuchs fehlt.

Zeit-, Selbst- und Stressmanagement sollten somit bereits im Studium Anwendung und Übung finden. Das Selbstwertgefühl und das Selbstbewusstsein sollten gefördert statt gemindert werden. Leider beißt sich dabei die Katze sprichwörtlich in den Schwanz, denn für Kurse, in denen genau solche Dinge geübt werden könnten, findet kaum ein Studierender die Zeit. Wie schön, dass man sich wenigstens bereits im Studium an den Zeitumfang „gewöhnen" kann, den die Tiermedizin in Anspruch nimmt, könnte der eine oder andere Sarkastiker sagen.

Dabei geht es auch anders. In England wurde im Jahr 2015 die „Mind Matters Initiative" gegründet, um die mentale Gesundheit von Studierenden der Tiermedizin, Tierärzten und Tiermedizinischen Fachangestellten (Veterinary Nurses) zu verbessern (www.vetmindmatters.org/). Bereits im Oktober 2015 kamen zum ersten Mal alle medizinischen Berufssparten auf der Mind Matter Conference in London zusammen. Und hier wurden die Kinder beim Namen genannt: Versagensangst, ausbleibende Kommunikation, „Gesichtsverlust", Mangel an genügend Selbstbewusstsein, um sich in Notlagen Hilfe zu suchen. Es wurde die Schlucht zwischen Ressourcen zur mentalen Gesundheit und der Erwartungshaltung der professionellen veterinärmedizinischen Arbeit besprochen (vor allem in der Chirurgie) bis hin zur Vorstellung von Präventionsmaßnahmen für Suizid. Man bekommt den Eindruck, dass hier vermittelt werden sollte: Mentale Gesundheitsprobleme sind häufig. Sie sind nicht alleine. Also seien Sie mutig, nehmen Sie Hilfe an und ändern Sie was! Auch Studierende sollten früh einbezogen und im Kontakt mit berufserfahrenen Praktikern über die Notwendigkeit des „geistigen Wohlbefindens" aufgeklärt werden. Denn die kommenden Generationen seien „lebensfroh und pflichtbewusst"; der veterinärmedizinische Berufsstand sei „in guten Händen".

Auch in den USA trafen sich im Jahr 2016 Studierende und Praktiker auf dem „Annual AAVMC Veterinary Health and Wellness Summit". Es ging um persönliche Kompetenzen, Resilienz, Meditation und andere Themen rund um die mentale Gesundheit als Präventionsmaßnahme gegen Depression und Burnout. Auch hier hat man erkannt, dass sowohl Studierende der Tiermedizin als auch Tierärzte selbst einem hohen Stresslevel, gepaart mit möglicher Angst und entstehender Depression, ausgesetzt sind. Und dass diese Faktoren sich massiv auf Produktivität und Arbeitszufriedenheit auswirken. (http://veterinarywellness.colostate.edu/).

Es ist wirklich traurig, dass wir in dieser Sache noch immer versuchen, mit vorgehaltenen Ausreden dem Thema möglichst keine Plattform zu bieten. Aber es gibt auch einen kleinen Lichtblick: Die Angebote auf den tierärztlichen Konferenzen hier in Deutschland umfassen immer häufiger auch Vorträge und Seminare außerhalb der reinen veterinärmedizinischen Fachthematik.

# 5.4    Umgang mit Alltagsstress

Unabhängig davon, wie wir unseren eigenen „Flow" finden oder nicht finden, gibt es um uns herum natürlich noch weitere Menschen, mit denen wir uns auseinandersetzen müssen. Und nicht nur Menschen, die uns „ständig ärgern", machen uns auf Dauer im wahrsten Sinne des Wortes krank. Auch unorganisierte Tage, unvorhergesehene Aufgaben und Ereignisse, Fehler in Arbeitsabläufen etc. wirken auf das große Ganze unserer Umwelt, die uns – in diesem Falle meist negativ – beeinflusst.

## Exkurs

### Stress am Arbeitsplatz: Daten und Fakten

- 84 % der Arbeitnehmer fühlen sich durch ihre Arbeit gestresst (von „manchmal" bis zu „sehr häufig" – Spitzenreiter hier: Berlin und Baden-Württemberg).
- Jährlich entfallen im Durchschnitt drei bis sechs Fehltage auf stressbedingte Erkrankungen.
- Bei 57 % aller Arbeitnehmer wirkt sich Stress am Arbeitsplatz negativ auf die Arbeitsqualität aus.
- Bei 77 % der Befragten wirkt sich der Stress auf das körperliche Wohlbefinden aus (z. B. Kopf- und Rückenschmerzen).
- Für 82 % ist eine ausgewogene Work-Life-Balance wichtig bis sehr wichtig.

(Massagio 2016)

In dieser Studie der massagio GmbH und Dr. Grieger & Cie. Marktforschung (in welcher Tierärzte im Übrigen nicht befragt wurden) gibt es noch einen weiteren interessanten Aspekt: Vor allem jüngere Arbeitnehmer (25–29 Jahre) scheinen unter Stress am Arbeitsplatz und dessen Auswirkung auf das körperliche und seelische Wohlbefinden zu leiden. Das Thema Stress, Resilienz und Leistungsfähigkeit ist also nicht ausschließlich auf die Nachwuchs-Tierärzte beschränkt, sondern betrifft alle Branchen.

Außerdem ein weiterer interessanter Punkt: Nur zwei von zehn deutschen Arbeitgebern bieten derzeit Möglichkeiten zum Stressausgleich an. Wenn Erholungsmöglichkeiten angeboten wurden, dann meist in Form von Betriebssport, Massage und Ruheräumen. Dabei nutzen 98 % der Arbeitnehmer diese Angebote, sofern sie denn verfügbar sind. In der Favoritenliste ganz oben stehen hierbei die Massagen. (Da wäre ich auch dabei. Und Sie?)

Was für Rückschlüsse können wir mit diesen Aussagen auf die Tiermedizin ziehen? Wenn 80 % der Befragten dieser Studie (unabhängig davon, ob die Tiermedizin einbezogen wurde oder nicht) der Meinung sind, dass Erholungsangebote die eigene Produktivität steigern können und, im Gegensatz dazu, kaum Betriebe Angebote zur Reduktion von Stress anbieten, warum sollte man diese

Ergebnisse dann nicht auch für unsere tiermedizinische Branche nutzen und „Vorreiter" einer guten Work-Life-Balance werden?

---

### Fallbeispiel

Eine Freundin rief mich an und erzählte mir von einer Situation, in welcher sie bei einer Ultraschalluntersuchung plötzlich ohnmächtig geworden war. Sie sagte etwas verbittert, dass die vergangenen stressigen Wochen plus der Mangel an Flüssigkeit und das Ausbleiben des Mittagessens wohl zu diesem Zustand geführt haben müssen. Es war ihr natürlich überaus peinlich, zeigte ihr aber, dass es nun höchste Eisenbahn war, etwas an ihrer Umgebung, ihrer Arbeitsstruktur und an sich selbst zu ändern.

---

Zu Beginn dieses Buchs haben wir uns bereits kurz mit den „Themen des tierärztlichen Alltages" beschäftigt: mit den Herausforderungen, Stressfaktoren und Problemen, die jeder anders empfindet und bewertet (▶ Kap. 2.1). Die darauffolgenden Kapitel sollten Ihnen „Werkzeuge" an die Hand geben, sich selbst besser kennenzulernen und das Erlernte auch auf den Umgang mit anderen Menschen zu übertragen. Gemeinsam haben wir Ihre emotionale Intelligenz geschult, um Sie im Beruf erfolgreicher zu machen und vor allem die Freude daran langfristig zu erhalten.

Nun möchte ich gerne gemeinsam mit Ihnen den Kreis schließen und mir nochmals die Punkte etwas genauer ansehen, welche bei Tierärzten Stress auslösen. Diese waren:

- eine lange tägliche Arbeitszeit ohne Pausen, teilweise sogar ohne die Möglichkeit, etwas zu essen oder zu trinken
- Bereitschafts-, Wochenend- und Nachtdienste, vor allem wenn sie gehäuft auftreten
- hohe Erwartungshaltung der Tierbesitzer mit vorgefertigten Meinungen, gefördert durch Foren, in welchen sich Tierbesitzer austauschen, und „Doktor Google"
- unerwartete Krankheitsverläufe und das Versterben von Patienten vor allem in Routineeingriffen, wie z. B. Kastrationen
- Konkurrenzsituationen zwischen Tierarztpraxen und Kliniken
- die Notwendigkeit, das Wissen stetig auf dem aktuellen Stand zu halten, oder auch das Gefühl, sich spezialisieren zu müssen, um den Patientenbesitzern „gut genug" zu sein
- Umgang mit Mitarbeitern/dem Team inkl. Konkurrenzsituationen oder gar Mobbing
- Finanzfragen und Zukunftsängste, die selbstständige Tierärzte noch stärker betreffen als Angestellte
- Umgang mit schwankenden Patientenzahlen: Leerlauf versus „Voll-Lauf", man muss sich ständig auf eine neue akute Situation einstellen
- die ausgeprägte Selbsterwartungshaltung

Einige der hier aufgeführten Probleme überschneiden sich, sodass ich mich vermutlich mehrmals wiederholen müsste, wenn ich jeden Punkt einzeln abarbeiten würde. Außerdem hat jeder Punkt einen Faktor „Stressmanagement" und einen Faktor „Zeitmanagement". Daher möchte ich der Einfachheit halber die „Problemzonen" clustern und in einem ersten Schritt das Thema „Stress" in den folgenden Abschnitten ansprechen:

- Stressfaktoren Arbeitszeit, Dienste und Pausen
- Stressfaktor Erwartungshaltung

## 5.4.1 Stressfaktoren Arbeitszeit, Dienste und Pausen

In der Studie von Harling et al. (2009), welche 2006 mit etwa 1100 Tierärzten und Tierärztinnen durchgeführt wurde (davon 72,3 % aus Praxen und Kliniken), konnte festgestellt werden, dass die durchschnittliche Arbeitszeit bei knapp 48 Stunden/Woche liegt (der Bundesdurchschnitt liegt bei 39,9 Stunden). 14,5 % der Befragten kamen auf ein wöchentliches Arbeitspensum von über 60 Stunden.

Wie häufig hört man noch von 24-Stunden-Diensten, mehreren Nachtdiensten hintereinander oder Zwölf- bis 15-Stunden-Tagen ohne Pausen? Noch immer beherrscht dieses Bild einen Großteil der Tiermedizin.

Auf der anderen Seite hört man auch von Sechs- bis Acht-Stunden-Tagen, teils mit großen Pausen inkl. Mittagsschlaf. Man hört von Entspannung, moderaten Wochenenddiensten und der Vereinbarkeit von Familie und Beruf. – Und dies komplett losgelöst von der „neuen Generation Y": Dieses Modell wird von Praktikern der „alten Generation" durchgeführt. Sie haben gelernt, dass Pausen und Freizeit für eine Regeneration und für qualitativ gutes Arbeiten als Tierarzt schlichtweg notwendig sind. Warum ist es dann so abwegig, dass auch junge Tierärzte Pausen und Erholung einfordern?

Die Zeiten der Workaholics gehen langsam zu Ende! Und das bedeutet keineswegs, dass wir unseren Beruf nicht weiterhin gerne ausüben oder gar faul sind! Nein. Es bedeutet einfach nur, dass wir unsere bisherigen Einstellungen und Ansichten zur Arbeit, zu unserem Einsatz und unserer Gesundheit überdenken sollten, um nötigenfalls geeignete Schritte einzuleiten, unser eigenes Leben besser zu gestalten. Ein „Auf-Teufel-komm-raus-Arbeiten" schadet der Gesundheit, und zwar bei jedem von uns. Ob jung oder alt, ob Mann oder Frau. Dies sind Erkenntnisse, die wissenschaftlich belegt sind, also sollten wir sie nicht ignorieren.

Dass es immer wieder stressige Phasen als Tierarzt gibt, die man durchstehen muss, daran zweifelt keiner. Und darum geht es hier auch nicht. Es geht wirklich darum, seine persönlichen Erholungsphasen zu nutzen und ggf. auszubauen.

Stress während der Arbeitszeiten ist vornehmlich ein Managementproblem. Vor allem in Kliniken und Gemischtpraxen gelten die 24-Stunden-Öffnungszeiten inkl. aller Feiertage. Eine durchaus sinnvolle Sache aus Sicht der Patientenbesitzer, aber im Team teilweise schwer zu bewältigen, vor allem wenn Mitarbeiter ausfallen oder faktisch zu wenige zur Verfügung stehen. Der Stresslevel durch damit verbundene häufige Überstunden, die Bereitschafts- und Wochenend-dienste und der Zeitdruck während der Arbeit, um allen Patientenbesitzern irgendwie gerecht zu werden bzw. Wartezeiten nicht zu lange zu gestalten, ist hier stark ausgeprägt. Man hat als Arbeitnehmer aber meist herzlich wenig Einfluss auf das Management. Kommt man mit Arbeitszeiten nicht zurecht, hilft hier entweder ein Vier-Augen-Gespräch mit dem Chef oder aber am Ende die Kündigung.

Ähnlich verhält es sich auch in kleineren oder Einzel-Praxen. Ich muss sicherlich nicht erwähnen, dass ein Tierarzt, der alleine und rund um die Uhr für Patientenbesitzer zur Verfügung steht, einem besonders hohen Stresslevel ausgesetzt ist. Vor allem wenn er sich zur ständigen Bereitschaft gezwungen fühlt oder diese extern durch geteilte Notdienste unter Kollegen auferlegt bekommt.

Je mehr Arbeitsstunden pro Woche abgeleistet werden, auch außerhalb von 24-Stunden-Öffnungszeiten, desto schwerwiegender empfinden Tierärzte die Arbeitsbelastung und den damit verbundenen Stresslevel.

## Fallbeispiel

Ein Kollege rief bei mir an und bat mich, ihm bei der Suche nach einem neuen Mitarbeiter für seine Praxis zu helfen. Langsam ginge ihm die Luft aus, er bräuchte nun wirklich Unterstützung.

Nach kurzer Nachfrage warf dieser dann noch ein: „Frau Leiner, ich habe seit acht Jahren keinen Tag Urlaub gemacht. Vor lauter Arbeit ist mir dies kaum aufgefallen, aber jetzt, rückblickend gesehen, weiß ich überhaupt nicht, wie ich das geschafft habe. Fakt ist, es reicht jetzt!"

## Exkurs

### Kürzere Arbeitszeiten

Interessant sind recht neue Artikel, zu finden im Internet und in diversen Zeitschriften, in welchen es um die Einführung eines Sechs-Stunden-Arbeitstages geht. Ob dies für die Tiermedizin bzw. für Kliniken umsetzbar ist, rein auch aus finanzieller Sicht, sei nun erst einmal dahingestellt.

Auf der anderen Seite hat tatsächlich eine Klinik im schwedischen Göteborg den Sechs-Stunden-Arbeitstag eingeführt. In der Abteilung für Chirurgische Orthopädie arbeiten die Pflegekräfte im Zwei-Schicht-System, allerdings nun ohne Pause, dafür bei gleichem Gehalt. Eine Arbeitnehmerzufriedenheit bei höherer Produktivität und weniger Probleme bei der Rekrutierung von neuen Mitarbeitern waren die positiven Effekte, welche sich sehr schnell einstellten. Die Kehrseite: die Kosten, die sich durch das Einstellen von mehr Mitarbeitern erhöhten. Dennoch. Bis Ende Juni 2017 soll das Experiment nach aktuellem Stand noch andauern. Im Anschluss wird es interessant, was die Auswertungen zeigen. (www.healthrelations.de/6-stunden-tag-in-schwedischer-klinik/)

Der generelle Input aber, dass kürzere Arbeitszeiten effektiver sind, sei doch für den ein oder anderen Arbeitgeber vielleicht der Start, etwas Neues zu versuchen. Denn „[…] die Vorteile kürzerer Arbeitszeiten haben auch Wissenschaftler bereits mehrfach nachgewiesen. K. Anders Ericsson, der als Experte auf dem Gebiet der Arbeitspsychologie gilt, hat mehrere Experimente durchgeführt und dabei gezeigt, dass Menschen nur vier bis fünf Stunden konzentriert und produktiv arbeiten können. Nach dieser Zeit verbessert sich ihre Arbeitsleistung nicht mehr weiter oder geht sogar zurück."

Ob angestellt oder selbstständig: Wenn man mit dem Arbeitspensum nicht zurechtkommt, es nicht schafft, aus der „Stressfalle" herauszukommen, eine Anpassung der Arbeitszeiten nicht möglich erscheint, dann hilft in den meisten Fällen nur ein „Blick" von außen. Mithilfe eines Coaches kann man Wege und Strategien erarbeiten, die einen persönlich unterstützen. Hierbei geht er weniger beratend als begleitend vor, sodass Sie selbst die Reise antreten können:

- Was löst bei mir konkret Stress aus?
- Liegt der Schwerpunkt im beruflichen Umfeld?
- Im Privaten?
- Oder sind es innere Antreiber?

Darüber hinaus können externe Praxismanager aus betriebswirtschaftlicher Sicht die investierte Arbeitszeit beleuchten, sodass Sie gleich von „zwei Seiten" durch persönliche und betriebswirtschaftliche Änderungen gegen den Stressfaktor Arbeitszeit vorgehen können. Darüber hinaus hilft eine betriebswirtschaftliche Beratung auch bei der Feststellung, ob die aktuellen Arbeitszeiten vielleicht doch durch das Einstellen von zusätzlichen Mitarbeitern für jeden einzelnen reduziert werden könnten.

Um auf die bereits erörterte **Resilienz** zurückzukommen (▶ Kap. 5.2; Abb. 5-1), kann man in diesem Zusammenhang das Folgende versuchen:

**Optimismus** Man erkennt Sinn und Chancen, um proaktiv zu agieren. Vielleicht werden sich die Chancen spontan ergeben, vielleicht muss man auf sie hinarbeiten.

**Emotionssteuerung** Seien Sie bestrebt, dass es Ihnen gut geht. Die Emotionssteuerung ist ein Prozess, in welchem Sie sich Ihrer negativen Gefühle und Emotionen durchaus bewusst werden. Sie entwickeln jedoch die Fähigkeit und entsprechende Möglichkeiten, zügig wieder in einen „Wohlfühlmodus" zu gelangen.

**Impulskontrolle** Auch wenn die Motivation sinkt, bleibt man weiterhin am Ball und verliert das Ziel „Erfolgreich die Arbeitszeit überstehen" nicht aus den Augen. Man konzentriert sich auf die gestellten Aufgaben und führt diese konsequent aus, auch wenn man sich am liebsten die Decke über den Kopf ziehen würde.

**Empathie** Dieser Punkt kann „weite Kreise" ziehen, denn wer seine Empathie gegenüber Teammitgliedern oder gar Patientenbesitzern verliert, dem wird es noch schwerer fallen, die negative Stress-Spirale zu verlassen. Wer aber ein Lächeln oder Dankbarkeit erntet, kann aus dieser Kraft schöpfen.

**Kausalanalyse** Nun, den Grund, wenn wir von Arbeitszeiten gestresst sind, kennen wir. Aber vielleicht gibt es noch mehr, warum es uns schwerfällt, mit den gegebenen Arbeitszeiten zurechtzukommen? Umfasst unser Stresspegel vielleicht doch auch das private Umfeld oder intrinsische Erwartungen an uns selbst?

**Selbstwirksamkeitsüberzeugung** Anstelle in Selbstzweifeln zu versinken, Stärke zeigen und Selbstvertrauen – „Das schaff ich!".

**Zielorientierung** Das Ziel wurde bereits unter „Impulskontrolle" genannt. Es heißt: Arbeitszeiten erfolgreich und möglichst positiv überstehen.

## Tipp

### Stressbewältigung am Arbeitsplatz

Um in akuten Fällen dem Stresspegel durch zusätzliche Dienste oder umfangreiche Arbeitszeiten ein wenig entgegenzuwirken, kann man die folgenden Tipps zusätzlich ausprobieren (Janson 2009):

- Ändern Sie Ihre Denkweise von „Ich muss" zu „Ich kann" oder „Ich will"! Denn alleine bei einem Notfall **möchten** Sie ja dem Tier helfen. Ja, Sie müssen in gewisser Weise auch. Aber wären wir nicht Tierarzt geworden, wenn wir genau in solchen Situationen helfen **wollten**? Ein „Ich will diesem Tier jetzt helfen!" ist sehr viel motivierender als wenn man sich dazu gezwungen fühlt. Probieren Sie es aus!
- Vermeiden Sie „Pseudo-Ärger". Akzeptieren Sie für den Moment solche Situation, an denen Sie nichts ändern können. Wenn Sie sich jetzt aufregen, verlieren Sie womöglich nicht nur viel Energie, sondern auch Zeit, besser oder richtig zu handeln. Rückblickend kann man sich immer überlegen, ob es Möglichkeiten gäbe, solch eine ärgerliche Situation zu vermeiden.
- Nutzen Sie zusätzliche Dienste so effektiv wie möglich. Wenn Sie z. B. Bereitschaftsdienst haben, kann man sich dennoch fortbilden, Patientenbriefe schreiben oder einfach ein gutes Buch lesen. So hat man am Ende immer das Gefühl, zusätzlich auch etwas Sinnvolles geschafft zu haben. Und das Abhaken einer inneren To-do-Liste schafft Befriedigung und Befreiung vom gefühlten Stresslevel, der dadurch gerne noch steigt, wenn man das Gefühl hat, den Berg an Arbeit nicht bewältigen zu können. Die Alternative: Entspannungsübungen zum Krafttanken. (Hinweis: Während eines Notdienstes, bei dem man ständig unterbrochen wird,

ist dies keine gute Übung, sondern ein weiterer Stressauslöser! Bitte also abwägen!)

- Streben Sie keine „Radikallösungen" oder „180-Grad-Wendungen" an, indem Sie sich z. B. vornehmen, Ihr Privatleben komplett vom Arbeitsleben abzuschotten, um sich schneller zu erholen. Abgesehen davon, dass man solche radikalen Umbrüche meist nicht durchhält, führt auch dies nicht unbedingt zum gewünschten Erfolg. Eine Arbeit, die man gerne macht, bedeutet auch, dass man sich ihr bis zu einem gewissen Maße „hingibt", auch im Privaten. Dies wirkt glücksfördernd in Kombination mit der Freiheit, wo es passt und angemessen ist, auch mal „Nein" zu sagen. So – und mithilfe eigener Erfahrungen nach dem Trial-and-Error-Prinzip – kann man lernen, die Arbeit zu genießen und Beschränkungen der eigenen Arbeitsumgebung in Möglichkeiten umzuwandeln, welche die eigene Arbeitsqualität (und nicht -quantität) positiv beeinflussen.
- Machen Sie eine Reise in die Vergangenheit: Welche stressigen Phasen haben Sie bisher erfolgreich überstanden? Wie haben Sie das gemacht? Welche Strategien oder Ressourcen haben Ihnen dabei geholfen? – Einmal erfolgreiche Strategien versprechen auch bei Wiederholung erfolgreich zu sein. Können Sie sich diese Strategien auch für die Zukunft zurechtlegen?
- Welchen Ausgleich können Sie im Privaten schaffen? Wenn Sie während der Arbeit mentalem Stress ausgesetzt sind, dann suchen Sie sich einen ausgleichenden Sport im Privaten: Ausdauersport, Schwimmen, Yoga etc. Vermeiden Sie Konkurrenzsportarten wie Basketball oder Fußball.
- Legen Sie sich auf den Boden, vielleicht auch auf eine angenehme Decke, und lehnen Sie Ihre Beine im 90-Grad-Winkel nach oben möglichst ausgestreckt an einer Wand an. Ein Schreibtisch geht auch. Die Füße sollen oben sein, der Kopf unten. Ziel? Ihr Herz soll „entspannen", also eine geringere Pumpleistung erbringen müssen. Machen Sie die Augen zu, hören Sie auf Ihren Atem und gönnen Sie sich eine kurze körperliche Entspannungsphase.

Auch **Pausen** sind eine wichtige Quelle, neue Kraft zu tanken. Aber sie müssen richtig genutzt werden. Leider ist der tierärztliche Beruf typisch für seine meist fehlenden Pausenzeiten. Manche Kollegen sind froh, wenn sie es tagsüber schaffen, wenigstens etwas zu trinken, so voll ist der Wartebereich oder Terminplan häufig. Dass dies auf Dauer nicht gesund ist, ist vermutlich jedem klar.

Dennoch entscheiden sich viele Arbeitnehmer auch bewusst gegen Pausen, um vielleicht dafür früher gehen zu können, oder aber weil einfach so viel Arbeit ansteht und sie sich nicht trauen, Pausen in Anspruch zu nehmen (ja, es gilt noch immer vielerorts: „Wer Pause macht, zeigt Schwäche …"). Aber auch dies ist keine gesunde Einstellung zur Arbeit und sollte überdacht werden.

Um Arbeitsbelastungen auszugleichen, müssen Pausen eingeplant werden. Angepasst an die Arbeitszeit sind Pausen sogar gesetzlich vorgeschrieben. Nur auf diese Weise kann einer verminderten Leistungsfähigkeit durch Ermüdungserscheinungen und eintretende Unkonzentriertheit vorgebeugt werden. Pausen sind daher nicht als Luxus oder Faulheit zu werten, sondern als notwendige Ressource, um die eigene Leistungsfähigkeit wiederherzustellen.

Für die Praxis oder Klinik selbst stellen Pausen wirtschaftlich gesehen keinen großen Verlust dar, denn Mitarbeiter, die erholt aus einer sinnvoll gestalteten Pause an den Arbeitsplatz zurückkehren, arbeiten effektiver und schneller und holen daher die Pausenzeit in der Regel recht schnell wieder auf.

Bevorzugt sollten kurze und geplante Pausen sein, denn auch die Länge der Pause ist entscheidend für die nachfolgende Leistungsfähigkeit. Ungeplante bzw. selbst gewählte Pausen wirken weniger erholsam, da sie meist zu einem Zeitpunkt gemacht werden, an dem man bereits in einem Leistungstief steckt. Daher ist einer geplanten Pause, in Rücksprache mit dem Arbeitnehmer, eindeutig der Vorzug zu geben. Warum in Rücksprache? Nun, wenn von extern Pausen „auferlegt" werden, kann es durchaus sein, dass diese genau in ein individuelles „Leistungshoch" fallen. Und das wäre überaus kontraproduktiv (Matyssek 2007).

Lange Pausen von ein bis zwei Stunden, so wie in vielen kleineren Praxen üblich, sind ebenfalls zu vermeiden, da der Erholungseffekt einer Pause mit dem Eintritt beginnt und mit zunehmender Zeitdauer abnimmt. Die Folge ist (sofern man die Pausen nicht kreativ mit anderen Arbeiten füllt) eine steigende Unlust, wieder an den Arbeitsplatz zurückzukehren.

Optimal ist es, seine eigenen Pausen genau dann einzulegen, wenn man sowieso in einem „Leistungstief" hängt. Hierzu sollte man den Blick auf seine persönliche Leistungskurve richten: Wann kann ich mich gut konzentrieren? Wann „hänge" ich durch?

Jeder Mensch ist zu einer unterschiedlichen Tageszeit in „Topform". Trotz unterschiedlicher Leistungskurven ist den Menschen aber ein „biphasischer Rhythmus" gemein. Dies bedeutet, dass wir im Verlauf des Tages zwei „Hochphasen" haben, davor, dazwischen und danach „Tiefphasen". Wann somit die beste Zeit ist, sowohl anstrengende Aufgaben durchzuführen als auch Pausen einzulegen, hängt vom individuellen Biorhythmus ab. Sie kennen sicherlich die Begriffe „Lärche" und „Eule". Auch „Nachtschwärmer" gibt es, bei denen der Tag erst um 16.00 Uhr anfängt, dafür aber bis 7.00 Uhr geht (wenn man diese „Nachtschwärmer" doch für die Nachtschichten gewinnen könnte …!).

Wie verläuft Ihre persönliche Leistungskurve (▶ Abb. 5-4)?

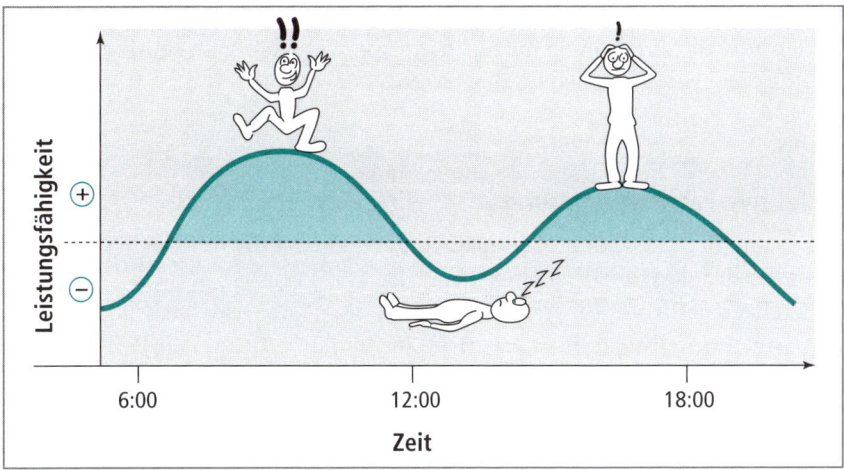

**Abb. 5-4** Beispiel einer persönlichen Leistungskurve: der Biorhythmus eines typischen Morgenmenschen

## Übung

### Persönliche Leistungskurve

Um für sich selbst Aussagen darüber treffen zu können, wann man welche Leistung erbringen kann (für Arbeitnehmer interessant bei der Einteilung von Schichten, für Arbeitgeber interessant beim Einsatz von Mitarbeitern) und wann Pausen notwendig sind, sollten Sie sich in jedem Fall einmal mit Ihrer persönlichen Leistungskurve beschäftigen.

Nehmen Sie hierzu ein Blatt Papier im Querformat, möglichst kariert, und malen Sie eine Y- und eine X-Achse auf. Auf der Y-Achse zeichnen Sie Prozente ein (0–100 %), auf der X-Achse die Stunden des Tages (0–24 Stunden).
Nun beobachten Sie am besten über mehrere Tage (und vielleicht einmal an einem Arbeitstag, einmal an einem freien Tag) Ihren persönlichen Verlauf: Wann stehen Sie auf (vor allem, wenn Sie *nicht* vom Wecker geweckt werden), wann fühlen Sie sich hochmotiviert? Wann kommt ihr „Schnitzel-Koma"? usw.
Die Kurven übereinandergelegt bekommen Sie so einen ersten Eindruck davon, wann welche Aufgaben (z. B. „Kopfarbeit" vs. monotone einfache Arbeit) sinnvoll erscheinen und wann Sie lieber die Arbeit liegen lassen sollten (▶ Abb. 5-4).

Wenn Sie nun also wissen, wann Pausen notwendig werden, können Sie diese Information in Ihren Arbeitsalltag einfließen lassen. Wäre es nicht interessant für Arbeitgeber, zu wissen, wann Arbeitnehmer bessere Leistungen abliefern und wann sie „nicht zu gebrauchen" sind? Stellen Sie sich vor, man könne das klinik- oder praxisinterne Schichtsystem an diese Erkenntnisse anpassen.

Was für eine Performance dies wohl zur Folge hätte! Und wenn Sie zudem die Pausen effektiv als Erholung nutzen, dann könnte es durchaus sein, dass Sie das Erfolgsrezept schlechthin gefunden haben!

## Tipp

### Effektive Pausengestaltung

Wie kann man seine durchaus auch kurzen Pausen effektiv gestalten, so-dass der Erholungswert möglichst hoch ist?

Dazu hat das Institut für Arbeit und Gesundheit (IAG) der Deutschen Ge-setzlichen Unfallversorgung e. V. (DGUV) im Jahr 2012 eine Broschüre mit einigen Tipps für die Gestaltung von Pausen im Arbeitsalltag veröffentlicht:

- **Bewusst entspannen:** Wenn man seine Arbeitstätigkeit unterbricht, dann sollte man dies bewusst tun und sich dementsprechend die Zeit nehmen, die man dafür eingeplant hat.
- **Regelmäßige kurze Pausen:** Empfehlenswert sind hierbei z. B. mehrere zehnminütige Pausen anstelle weniger langer.
- **Die eigene Leistungskurve beachten:** Auch wenn die Pause noch nicht ansteht, gilt, wer nicht mehr kann, sollte Pause machen! Achten Sie dabei auf Ihre individuellen Körpersignale.
- **Einen Ausgleich schaffen:** Pausen sollten ein Kontrastprogramm zur Arbeit darstellen. Wer viel aktiv arbeitet, entspannt passiv, wer viel passiv ist (stehen, sitzen), der entspannt aktiv mit Bewegung. Zudem sollte man versuchen, den Arbeitsplatz in den Pausen zu meiden.
- **Gesund ernähren:** Eine abwechslungsreiche Ernährung trägt auch zur Gesunderhaltung und zur Leistungsfähigkeit bei (weniger Kohlenhydra-te, dafür mehr Nüsse, Obst, Gemüse und Wasser oder Tee).
- **Kontakte pflegen:** Wer viel arbeitet, neigt dazu, soziale Kontakte zu vernachlässigen. Im schlimmsten Falle kommt es zur Vereinsamung und dem „besten Freund Arbeit". Gespräche mit Freunden oder guten Kolle-gen können aber einen wesentlichen Beitrag zur Erholung leisten.

Jeder ist somit zum größten Teil für die Gestaltung seiner Pausen selbst verant-wortlich. Was könnten aber Arbeitgeber zusätzlich tun, um Mitarbeiter dazu zu animieren, ihre Pausen sinnvoll zu gestalten?

Zum einen sollten Arbeitgeber versuchen, Arbeitnehmer darin zu unterstüt-zen, Zehn-Minuten Pausen fest in ihren Terminplan einzutragen (gerne nach Besprechung der persönlichen Leistungskurve). Natürlich sollten die Pausenzei-ten nicht genau dann stattfinden, wenn man schon weiß, dass das Wartezimmer brechend voll sein wird. Aber mit etwas Kreativität und Kommunikation findet sicher jeder einen kurzen Bruch im Tagesablauf. Zudem sollte es legitim und von allen akzeptiert werden, wenn diese Pausen dann auch wirklich eingehalten werden. Dafür reduziert sich z. B. die Mittagspause auf 30 Minuten (für Kliniken oder Rund-um-die-Uhr-Praxen).

Außerdem können Arbeitgeber viel beitragen, indem sie einen anständigen Pausenraum zur Verfügung stellen. In diesem sollte nichts an die Arbeit erinnern. Keine Fachzeitschriften, keine Anatomieposter. Vielleicht ein gemütliches Sofa oder eine Liege? Denn zu einer effektiven Pause gehören drei wesentliche Punkte

- Man sollte seinen Kopf mit anderen Gedanken beschäftigen, sonst kann er nicht „erkennen", dass es sich tatsächlich um eine Pause handelt (Inhaltswechsel).
- Man sollte seine Stellung im Raum körperlich verändern oder einfach etwas ganz anderes tun. Das bedeutet als „Mindestprogramm": Wer viel steht, sitzt. Wer viel sitzt, steht oder geht. Wer beides tut, liegt (Tätigkeitswechsel).
- Man sollte den Arbeitsort verlassen. Ob dies gleich die ganze Praxis oder Klinik ist, sei jedem selbst überlassen. Ein erster Schritt wäre auf jeden Fall das Behandlungszimmer (Raumwechsel).

Haben Sie die Möglichkeit, einen schönen Pausenraum zu gestalten, dann scheuen Sie sich nicht, Ihren Mitarbeitern und sich selbst die folgende Möglichkeit einzuräumen:

## Übung

### Kurzschlaf

In den zehn bis 15 Minuten Pause dürfen Sie sich in jedem Falle einen „Powernap" gönnen. Ein Kurzschlaf führt nach etwas Übung zu gesteigerter Aufmerksamkeit, Optimismus und besserer Leistung. Können Sie nicht? Da sind Sie nicht der Einzige. Aber es lässt sich lernen:
Stellen Sie den Wecker auf zehn Minuten, laden Sie sich eine App aufs Smartphone, die Klänge spielt, die Ihrem Geschmack entsprechen, oder hören Sie ein Hörbuch. Legen Sie sich hierfür in die Horizontale oder in einen gemütlichen Kippsessel. Am besten immer am gleichen Platz. Sie werden feststellen, dass Sie Ihren Körper irgendwann auf diese zehn Minuten Ruhe so konditioniert haben, dass Sie schon müde werden, wenn Sie nur einen Schritt in Richtung Liege/Sofa/Rückbank Ihres Autos machen … Es klingt irgendwie esoterisch, aber es beruht auf einer schlichten klassischen Konditionierung. Probieren Sie es aus. Anfangs werden Sie nicht einschlafen. Anfangs werden Sie sicherlich auch Ihre Gedanken nicht zur Ruhe bekommen. Aber Übung macht den Meister. Ein Kurzschlaf von zehn bis 15 Minuten wirkt sehr viel erholsamer als der berühmte Mittagsschlaf von 45 Minuten oder länger. Ruhen Sie also nicht zu lange!

Sie haben keine Lust zu „nappen"? Dann versuchen Sie es doch mit Malen oder einem Kreuzworträtsel, mit Musik oder einem zehnminütigen Spaziergang an der frischen Luft. Auch Atemübungen können ganz im Stillen durchgeführt werden:

## Übung

### Atemübung für Pausen

Diese Atemübung ist ohne großes Aufheben leicht durchzuführen und daher mein Favorit. Die Raucher unter Ihnen werden vielleicht den Atemrhythmus wiedererkennen, denn er gleicht tatsächlich dem Rauchen:

- Atmen Sie ein und zählen Sie dabei bis vier.
- Halten Sie die Luft an und zählen Sie bis acht.
- Atmen Sie aus und zählen Sie dabei erneut bis acht.

Wiederholen Sie die Übung fünf- bis zehnmal oder so häufig, wie Sie sich damit wohlfühlen.
Was passiert? Ihr Puls folgt Ihrer Atmung, sie werden ruhiger und entspannter.
Tipp: An der frischen Luft geht diese Übung noch besser!

Es ist leider noch immer sehr unüblich, Pausen wirklich als Pausen zu nutzen. Der Leistungstrieb bringt uns dazu, die Pausen möglichst produktiv gestalten zu wollen. Aber es ist inzwischen erwiesen: Wer eine gute Pausenkultur hat, der bleibt nicht nur länger motiviert und produktiv, sondern trägt ein gutes Stück dazu bei, den persönlich empfundenen Stress zu reduzieren. Und seien wir mal ehrlich: Wenn wir keine Pausen machen, wie können wir von uns erwarten, dass wir gute Tiermedizin machen können? Irgendwann hört das Denken nun einmal auf! Wenn nicht jetzt, dann später.

Und um nochmals auf Arbeitgeber zurückzukommen: Wie gut Ihre Praxis oder Klinik funktioniert, ist in hohem Maße davon abhängig, wie gesund, zufrieden oder leistungsfähig Ihre Mitarbeiter sind. Was glauben Sie, wie viele Pluspunkte Sie erreichen werden, wenn Sie sich Gedanken über betriebliches Gesundheitsmanagement machen? Vor allem, wenn diese Neuorientierung der Firmenkultur nicht nur von kurzer Dauer ist, ein kurzes Feuer ohne Beständigkeit.

Aber wenn wirklich alle davon profitieren können (auch Sie als Chef), dann haben Sie gute Chancen, dass sich auch nachhaltig etwas verändern wird. Und es muss ja nicht gleich das Bereitstellen einer Wellness-Oase sein. Mit etwas Kreativität und vielleicht ein wenig Input von außen kann man schon sehr schöne Pausenräume gestalten, in denen sich jeder wohlfühlt. Dann werden die Pausen auch gerne in Anspruch genommen.

## Exkurs

### Ein- und Durchschlafprobleme

Schlafen ist auch Pause. Schnell und einfach einschlafen. Das wünschen sich viele. Entweder man schläft erschöpft ein und wacht dafür ein paar Stunden später auf oder aber man wird von so vielen Gedanken heimgesucht, dass man kaum zur Ruhe kommt. Dabei ist Schlaf eine der wichtigsten Ressourcen. Abgesehen davon, dass viel Schlaf jung hält. Wenn Sie an Einschlafproblemen leiden, versuchen Sie die folgenden Tricks und Übungen, die auch auf reguläre Pausen übertragbar sind:

**Hörbuch hören**  Achten Sie dabei auf eher angenehme Stimmen statt aufregender Beziehungsdramen. Wem es gefällt, der kann sich auch Meditations-Hörbücher besorgen.

**Musik hören**  Analog zu den Hörbüchern helfen auch hier eher ruhige Musik sowie Klavierstücke oder langsame klassische Musik. Probieren Sie aus, was Ihnen liegt und was Ihnen hilft, Ihre Gedanken loszulassen. Wo laute Musik es tagsüber tatsächlich schafft, Gedanken aus unseren Köpfen zu „blasen" (auch gerne mit heftigen und aggressiven Songs), sollte man zum Einschlafen die Lautstärke soweit herunterdrehen, dass man in die Musik eintauchen kann, ohne dass sie stört.

**Lesen**  Es gibt die Theorie, dass man im Bett nicht lesen sollte. Im Bett sollte man gar nichts, außer schlafen. Der Hintergrund ist eine Habituation des Körpers an das Bett: Bett = Schlafen. Ich bin nicht so ganz einer Meinung mit dieser Theorie. Denn wenn ich nicht einschlafen kann, bin ich meist auch zu fertig, um nochmals aufzustehen und außerhalb meines Bettes zu lesen. Ich kann mich kaum auf den Beinen halten, aber mein Kopf spinnt weiter. Eine Habituation dauert mir persönlich daher zu lange. Lesen hingegen klappt wunderbar. Mehr als zwei Seiten schaffe ich persönlich meist nicht, dann bin ich schon weg. Nur frustrierend, dass man mit dieser Methode ewig braucht, um ein Buch durchzulesen …

**Atemübungen**  Es gibt eine Reihe von Atemübungen, die sich gut umsetzen lassen. Eine haben Sie im Zusammenhang mit den Pausen bereits kennengelernt (4 Takte einatmen, 8 Takte Luft anhalten, 8 Takte ausatmen – Wiederholung).
Eine weitere Atemübung, die ihren Ursprung im Yoga hat, finde ich ebenfalls sehr gut, auch wenn diese etwas „lauter" und ungewöhnlicher ist. Hierfür setzen Sie sich am besten in den Schneidersitz (legen Sie sich ein Kissen unter den Po, wenn Sie so angenehmer sitzen können) und schließen Sie die Augen. Atmen Sie tief durch die Nase ein und atmen Sie stoßweise unter Einbeziehung Ihrer Bauchmuskeln durch die Nase aus. Sie hören sich dabei an wie eine Dampflok. Versuchen Sie, das stoßweise Ausatmen möglichst lange durchzuhalten, bevor Sie wieder tief durch die Nase einatmen und im Anschluss die Luft anhalten. Sie werden schon im ersten Durchgang feststellen, dass das Luftanhalten besser funktioniert als gedacht. Nun langsam aus dem Mund ausatmen und der Kreislauf beginnt von vorn.
Mit dieser Übung füllen Sie Ihren Körper mit mehr Sauerstoff an. „Verbrauchte Luft" wird aus der Lunge „herausgestoßen". Der Körper fängt an zu kribbeln, Sie entspannen. – Im Übrigen auch eine super Übung kurz vor Prüfungen.

## 5.4.2   Stressfaktor Erwartungshaltung

Nicht nur die (Arbeits-)Zeit kann uns im Nacken sitzen und Stress auslösen (auf die Zeit per se komme ich nochmals im nächsten Kapitel zu sprechen, wenn wir uns dem Zeitmanagement widmen). Auch die extrinsischen Erwartungshaltungen, die von außen auferlegt werden, oder die intrinsischen Erwartungshaltungen, die in uns brodeln, rauben uns mitunter extrem viel Energie.

### Extrinsische Erwartungshaltungen

#### Patientenbesitzer

Im Grunde gibt es in der Tiermedizin drei Typen von Patientenbesitzern:
- diejenigen, die das Tier als wirtschaftlichen Faktor sehen
- die Typen, die Ihr Haustier als „Partner" sehen
- diejenigen, die einfach etwas zum Streicheln oder knuddeln brauchen

Der erste Typ an Patientenbesitzer sind z. B. Bauern, aber auch professionelle Pferdetrainer. Diese Klientel bringt meist viel medizinisches Wissen mit und braucht daher eine professionelle Betreuung ohne viel Gerede. Sie möchten gerne konkret wissen, was ihren Tieren fehlt, sodass sie auch selbst nach Möglichkeit unterstützend einwirken können.

Die zweite Klientel sind Patientenbesitzer, die ihre Tiere gewissenhaft halten und ihnen auf allen Ebenen gerecht werden wollen. Sie beschäftigen sich viel mit dem Tier und möchten auch gerne eine gute tiermedizinische Betreuung. Unter Umständen haben Sie auch eingehende fachliche Fragen.

Der dritte Typus hat wenig medizinische Kenntnis über das gehaltene Haustier. Manchmal sogar wenig Kenntnis über die Eigenheiten des gewählten Haustiers, da es einfach nur „süß" war. Dieser Typus ist für Tierärzte teilweise am schwierigsten zu bedienen, denn er benötigt viel Aufmerksamkeit, Empathie und eine einfache Medizinersprache. Komplexe Vorgänge müssen so erklärt werden, dass sie leicht verständlich sind. Diese Patientenbesitzer sind nicht schwierig, weil sie ab und zu eine „Schulter zum Ausweinen" brauchen, sondern weil es sehr vielen Tierärzten schwerfällt, so empathisch zu sein, dass man genau diese Klientel bedienen kann. Zu allem Überfluss bedient sich diese Gruppe der Patientenbesitzer am häufigsten diverser Foren oder „Dr. Google".

Und da wären wir bei einem nächsten wichtigen Thema: Willkommen in der modernen Welt. Durch das WWW erhielt die Menschheit in den 1980er-Jahren eine Freiheit, die inzwischen vielen wie ein Fluch vorkommt. Nicht nur positive Nachrichten werden geteilt oder Freundschaften über das „Gesichts-Buch" gehalten, auch Cyber-Mobbing oder die Verbreitung von „Fake-News" ist inzwischen in unserem Alltag angekommen. Man muss sich sehr vorsichtig bewegen, um bloß keinen falschen „Klick" zu machen, man muss aber auch am Puls der Zeit bleiben, um nicht als „veraltet" abgestempelt zu werden.

Vor allem für ältere Kollegen eine schwierige Situation, die nicht selten mit dem Spruch endet: „Früher war alles besser!" Ja, in vielen Fällen kann das stimmen, aber die Welt dreht sich weiter und man muss sich nun einmal auch an neue Situationen anpassen. Das heißt nicht, dass man diese kritikfrei übernehmen sollte, aber eine Beschäftigung mit dem Internet ist in der heutigen Zeit (leider) ein Muss.

Denn was passiert im Internet? Nicht nur tauschen sich Patientenbesitzer über das Können oder – auch sehr beliebt – über das Nicht-Können von Tierärzten aus, sie holen sich ihre Informationen auch „live" über „Google". Es entstehen teils gruselige Foren von „Impfgegnern" oder „Katzenliebhabern", die sich privat austauschen und ihr Laienwissen teilen und verbreiten. Dabei stehen fast jedem Tierarzt die Haare zu Berge. Aber gut. Man könnte diese Themen noch sehr viel weiter ausführen, es wird sich jedoch nichts daran ändern: Unsere Patientenbesitzer werden nicht aufhören, sich im Internet zu informieren.

Wie gehen wir Tierärzte also damit um? Professionell bitte! Erlauben Sie Ihren Kunden ruhig, ihre vorgefertigte Meinung kundzutun, und nehmen Sie sich die Zeit, Ihren eigenen Standpunkt darzulegen, warum Sie es vielleicht anders machen. Dies erfordert eine hohe Feinfühligkeit und Kompetenz in der Kommunikation, aber es ist die einzige Möglichkeit, sich nicht Haare raufend darüber zu wundern, was für ein Mist wieder verbreitet wurde (▶ folgenden Exkurs). Sehen Sie es als Herausforderung, Ihre emotionale Intelligenz zu schulen. Denn Ihre Aufgabe ist es, die Patientenbesitzer davon zu überzeugen, nein besser, sie sollen selbst erkennen, dass Ihre Art und Weise, das Tier zu behandeln, genau die Richtige ist. Oder aber eine mögliche andere Variante, die jedoch durchaus sehr akzeptabel ist. „Dr. Google" ist eine der Herausforderungen, die wir als Tierärzte akzeptieren müssen, denn es lässt sich nicht ändern. Verschwenden Sie also keine Zeit damit, sich jedes Mal darüber zu ärgern, wenn sie wieder „professionelle" Meinungen aus dem Internet hören.

## Exkurs

### Professionalität im Umgang mit Patientenbesitzern

Nach Bentlage (2016) sollten Sie Folgendes beachten:
- Aktives Zuhören als wichtige Fähigkeit im Gespräch:
  - Zeigen Sie Interesse, Bereitschaft und Präsenz indem Sie sich Ihrem Gesprächspartner zuwenden, ihn ansehen und nichts nebenher machen.
  - Mit Füllwörtern („Ja", „Hm", „Ich verstehe" etc.) und ohne größere Unterbrechungen (wenn möglich) können Sie Vertrauen und eine positive Stimmung hervorrufen, die eine gute Basis für (Gegen-)Kommentare schafft.
- Freundlichkeit und eine positive Grundeinstellung unterstreichen Ihre Professionalität.
- Fragen Sie nach, wenn etwas unklar ist:
  - „Habe ich Sie richtig verstanden, dass …?"
  - „Wenn ich das Problem/Ihre Aussage auf den Punkt bringen darf …"

- Auch interessant ist, wenn man etwas herausfordernder fragt: „Was möchten Sie nun konkret von mir?" Viele Patientenbesitzer sind bei dieser Gegenfrage so irritiert, dass meist kommt, dass man bitte das Tier heilen/dem Tier helfen soll. Das ist prima, denn das möchten Sie ja gerne tun, allerdings mit Ihren eigenen Methoden.

Was Ihnen darüber hinaus passieren kann, ist, dass sich Tierbesitzer über Ihre Art und Weise im Internet öffentlich beschweren. Dies hat im schlimmsten Fall zur Folge, dass sich Ihre Kundenzahlen verringern und damit Ihre Einnahmen. Auch wenn das Thema dieses Buches nicht „Cyber-Mobbing" ist, behalten Sie das im Hinterkopf und prüfen Sie in regelmäßigen Abständen auch diverse Internetseiten und Bewertungsportale. Und sollten hier Unwahrheiten stehen, beziehen Sie entweder Stellung oder wehren Sie sich. Man kann sich viel gefallen lassen, aber wenn es respektlos wird, sollte man seinen Standpunkt durchaus verteidigen.

## Tipp

### Stress und Ärger verbalisieren

Um in akuten Fällen dem Stress durch die Erwartungshaltung von Patientenbesitzern (oder allgemein) entgegenzuwirken, kann man die folgenden Tipps ausprobieren:

- Wenn Sie sich ärgern oder Stress empfinden, dann verbalisieren Sie diesen. So bekommt der Ärger oder Stress eine Form, quasi etwas Greifbares, und man kann besser damit umgehen. Dies könnte z. B. so aussehen: „Ich ärgere mich über den Patientenbesitzer, der mich um 3 Uhr früh wegen einer Lappalie angerufen hat!" – Und Sie werden sehen, es geht Ihnen schon viel besser, ohne Rumschreien oder Runterschlucken.
- Wenn Sie Ärger verspüren, lassen Sie diesen nicht vor Patientenbesitzern oder an Mitarbeitern raus. Machen Sie sich die üblichen Tricks zur Gewohnheit: an die frische Luft, Joggen, in einem anderen Raum den Ärger „ausstampfen" oder bis zehn zählen (das hilft bei mir immer super).
- Ändern Sie auch hier Ihre Denkweise von „Ich muss" zu „Ich kann" (vgl. a. S. 100)! Diese Änderung der Einstellung führt auch hier zu einer wesentlichen Erkenntnis. Bis zu einem gewissen Grad können Sie sich ihre Patientenbesitzer selbst aussuchen. Umgeben Sie sich nicht mit Menschen, die Sie jedes Mal von Neuem auf die Palme bringen. Es ist ein wichtiger Schritt, zu erkennen, dass man Glück auch mit den Menschen beeinflussen kann, die einen umgeben. Das gilt auch für die Arbeit. Und wenn es Kandidaten gibt, mit denen Sie einfach nicht können, dann nehmen Sie sich auch die Freiheit heraus und trennen Sie sich. Das kann man in sehr höflicher Art und Weise tun, aber Sie sollten keine Angst davor haben.

Eine weitere Erwartungshaltung, die vielleicht nicht konkret von Patientenbesitzern ausgeht, die uns aber im Hinterkopf „herumschwirrt", ist diese ständige Erreichbarkeit. Vor allem, wenn Tierärzte in der Praxis Verwaltungsaufgaben nachgehen müssen (und sollten), kann man sich doch nicht konzentrieren, weil man ständig das Gefühl hat, man müsste im Behandlungszimmer stehen. Stopp! Diese Erwartungshaltung scheint zwar auf den ersten Blick von Patientenbesitzern auszugehen, aber am Ende ist sie intrinsischer Natur. Denn Sie selbst sind davon überzeugt, dass Sie genau jetzt (!) gebraucht werden. Das ist ein Kopfkino, das massiven Stress auslösen kann. Ich komme darauf aber nochmals zurück.

### Akademie für tierärztliche Fortbildung (ATF) und Spezialisierungen

Jeder Tierarzt ist verpflichtet, im Jahr eine gewisse Anzahl an ATF-Stunden nachzuweisen. Diese werden von den Landestierärztekammern hin und wieder kontrolliert, man sollte somit nicht allzu nachlässig sein.

ATF-Stunden kann man heutzutage auf vielfältigem Wege sammeln, ob über E-Learning-Kurse, Fachzeitschriften oder Kongresse. Der Sinn dahinter ist leicht verständlich: Die Wissenschaft bleibt nicht stehen, die Forschung und Entwicklung ebenfalls nicht. Die Fortbildungspflicht stellt sicher, dass man stetig eine „gute tiermedizinische Praxis" betreiben kann.

Zudem stärkt man sich auch im „Kampf" gegen die „Besserwisser" und „Dr. Google-Interpretierer", die einem, wie schon beschrieben, das Leben manchmal ziemlich schwer machen können.

Wer sowieso schon als Tierarzt am Limit läuft, der kann nur die Augen rollen und entnervt an die Decke schauen, wenn er an die Fortbildungspflicht denkt: „Wie soll ich das jetzt auch noch unterbringen?!"

Fakt ist: Es ist eine Pflicht. Wir müssen uns somit auch mit diesem Thema beschäftigen. Und es hilft, wenn man sich am Anfang des Jahres vielleicht gemeinsam im Team hinsetzt, um zu schauen, welche Kongresse und Fortbildungen anstehen, welche Termine von wem besucht werden (sollen) und wer wann weg ist. Wer sich früh an die Planung setzt, der wird nicht am Ende des Jahres davon überrascht, dass er noch gar keine Fortbildungen besucht hat. Der Stress wird reduziert. Und seien wir doch mal ehrlich: Es gibt wirklich viele schöne und teils sehr einfache Möglichkeiten, seine Fortbildungspunkte zu sammeln. Ob man sich ein paar Tage aus dem stressigen Arbeitsalltag herausnimmt oder diese in sehr kurzer Zeit sammelt, um möglichst schnell wieder „am Tier" zu sein. Eine Fortbildung sollte auch als Abwechslung zum Alltag verstanden werden, die für eine gewisse Entspannung sorgt. Man kann sich mit Kollegen austauschen und Neues dazulernen. Auch hier haben wir es also wieder mit der persönlichen Einstellung zu tun.

Und die Spezialisierung? Fühlen Sie sich dazu gedrängt, sich spezialisieren zu „müssen"? Wenn ja, wer drängt Sie dazu? Es stimmt schon, dass auch in der Veterinärmedizin der Trend dahin geht, dass sich Tierärzte immer mehr spezialisieren. Meiner Meinung nach ist das auch ein guter Trend, der die Veterinärmedizin vielfältiger und professioneller macht. Der Patientenbesitzer entwickelt sich „weiter". Schauen Sie sich das „Vorbild" USA an: Manch einer kann froh sein, dass noch nicht jeder „Tier-Trend" nach Deutschland und Europa geschwappt ist, in welchem das Haustier noch stärker vermenschlicht wird als ohnehin schon. Aber wichtig zu wissen: Je mehr das Tier für den Patientenbesitzer ein „Mensch" ist, desto höher sind die Ansprüche und desto lauter der Schrei nach dem Spezialisten.

Aber ob man sich spezialisiert, hängt sehr stark davon ab, wie man sich seine Zukunft vorstellt. Ich kenne Fälle, in denen eine Spezialisierung von außen – also von der Chefetage – quasi auferlegt worden ist. Die Folge war, dass diese „Spezialisierung" nicht wirklich zur vollsten Zufriedenheit aller ausgeführt wurde. Das Spezialisierungsthema ist somit auch für Führungskräfte ein wichtiger Punkt: Welcher meiner Mitarbeiter hat die Kompetenz und Motivation, sich zu spezialisieren? Wenn ja, auf welchem Gebiet? Und macht dieses Gebiet für meine Praxis oder Klinik Sinn? Um solche Fragen beantworten zu können, muss man seine Mitarbeiter genau kennen, denn eine individuelle Förderung wird meist sehr positiv aufgenommen, solange es in gemeinsamer Absprache geschieht und es nicht zu Bevorzugungen kommt.

Fühlt man sich zu einer (bestimmten) Spezialisierung gezwungen, sollte man diese sofort überdenken. Mit allen Konsequenzen. Denn sonst wird diese nicht zum Vorteil, sondern zur Last. Und da wären wir wieder beim Stressfaktor, den wir ja eigentlich vermeiden möchten.

## Tipp

### Wissen stetig auf dem aktuellen Stand halten

Bisher haben Sie schon sehr viel über die „innere Einstellung" zu Dingen erfahren. Das Thema „Wissen stetig auf dem aktuellen Stand halten" sollte als Vorteil für die persönliche Weiterentwicklung gewertet werden und nicht als Stressfaktor. Holen Sie die positiven Dinge aus der Fortbildungspflicht, denn Sie können sowieso nichts daran ändern.

Und nochmals – wenn Sie das Gefühl haben, sich spezialisieren zu müssen, um für die Patientenbesitzer „gut genug" zu sein, dann versuchen Sie sich auch hier ganz konkret zu fragen:

- Ist das wirklich so? Oder ist dies ein persönlicher Eindruck?
- Um welche Spezialisierungen könnte es gehen, die Sie so „nötig" haben?
- Liegen Ihnen diese Spezialisierungen überhaupt?
- Wenn ja, warum? Wenn nein, warum nicht?
- Können Sie diese Spezialisierung im jetzigen Moment tatsächlich umsetzen? Oder wird Ihr Stapel an Arbeit dann nur noch größer? Wenn dies der Fall ist, lassen Sie die Finger davon!

Machen Sie die Spezialisierung richtig oder gar nicht. Denn halbe Sachen werden keinen zufriedenstellen!

## Intrinsische Erwartungshaltungen

### Perfektionismus

Wir kommen zurück auf die Perfektionisten, die bereits in ▶ Kapitel 3.3.1 ihren „Platz" fanden. Dieses Kapitel endete ich mit dem Satz: *Alle Perfektionisten müssen sich irgendwann über eines im Klaren sein: Es kann nicht immer alles glattgehen, nicht alle Menschen können uns mögen und kein Mensch auf dieser Erde ist fehlerfrei. Man muss also lernen, mit größeren und kleineren frustrierenden Erlebnissen umzugehen, ob schon als Kind oder später als Erwachsener.*

Mit dieser wichtigen Aussage möchte ich nun intensiver auf die **„Pathologie des Perfektionismus"** eingehen.

Die hohe Selbsterwartungshaltung ist bei Tierärzten ein wichtiger und Stress auslösender Punkt. Dabei liegt die Gewichtung tatsächlich auf dem Perfektionismus: Wir sind davon überzeugt, immer 110 % geben zu müssen. Ist das perfektionistisches Denken? Ja, das ist es. Auch das Konkurrenzdenken fällt in diese Thematik, denn unsere eigene Erwartung, „Ich muss besser sein als der andere", spiegelt ebenfalls einen gewissen Perfektionismus wider (oder wirtschaftliche Ängste, aber dazu später mehr).

Der Tagesablauf eines Perfektionisten ist häufig etwas unorganisiert, da es diesem schwerfällt, unwichtige Dinge von wichtigen zu unterscheiden. Man kann nicht effizient genug priorisieren und verläuft sich dann in „Kleinigkeiten", die aber eine enorme Zeit in Anspruch nehmen. So arbeiten Perfektionisten durchaus auch bis zum „Umfallen", denn sie möchten ihre Aufgaben ja alle erledigen (Janson 2009) – ein Hamsterrad: Je schneller man rennt, desto schneller dreht es sich. Und irgendwann wirken die Fliehkräfte und es schleudert einen raus. Und dann wundert man sich: Was ist denn nun passiert?

Der erste Lösungsansatz erscheint einfach: Dann steige ich wieder ein und renne erneut los. Was wird passieren? Vermutlich das Gleiche wie davor. Oder aber man entscheidet sich zu einer 180-Grad-Kehrtwende und nimmt sich fest vor, sich eben nicht mehr so viel „fest vorzunehmen". Aber einfach ist nicht gleich einfacher! Und aus einem Perfektionisten kann man nicht im Handumdrehen einen entspannten und „langsam laufenden" Gesellen machen.

Wie sieht nun also ein realistischer Lösungsweg aus? Perfektionismus ist keine gesunde Leistungsbereitschaft, denn man fühlt sich immer irgendwie „gezwungen", alles perfekt zu machen. Aber ich möchte diese Art des Perfektionismus einmal etwas positiver formulieren, nämlich als übertriebene Gewissenhaftigkeit. Erkennen Sie schon, worauf ich hinaus möchte?

Stellen Sie sich vor, Sie lösen sich von dem Wort „übertrieben" und führen Ihre Aufgaben zukünftig „nur" gewissenhaft aus. Was bedeutet das? Sie sind sorgfältig und auch zuverlässig, vermeiden aber eine absolute Akribie. Was würde passieren? Glauben Sie, man wäre nicht mehr mit Ihrer Arbeit zufrieden? Wären Sie selbst nicht mehr mit Ihrer Leistung zufrieden? Ja, bestimmt, mag Ihr erster Impuls sein. Und ich gebe Ihnen recht bei den Aufgaben, die eine absolute Akribie erfordern (z. B. OPs oder Notversorgung). Aber nehmen wir eine ganz gewöhnliche Aufgabe: Muss die ebenfalls mit absoluter Akribie ausgeführt werden? Sicherlich nicht. Es ist, als wollten Sie Ihren Deutsch-Aufsatz in Schönschrift niederschreiben, haben dafür aber nur eine Stunde Zeit. Worauf legen Sie Wert? Darauf, dass Sie schön schreiben oder alle Inhalte zusammenbekommen?

Haben Sie keine Angst davor, Ihre Aufgaben nicht mehr zur Zufriedenheit anderer Menschen erledigen zu können. Sie werden feststellen, dass man weiterhin mit Ihren Aufgaben zufrieden sein wird. Vielmehr müssen Sie sich angewöhnen, dass auch Sie selbst mit Ihren Leistungen so zufrieden sind, wie sie nun einmal sind. Und wenn Sie tatsächlich der Meinung sind, jemand erwartet das doch von Ihnen, dann sprechen Sie mit demjenigen. Sie werden sicherlich nach der einfachen Frage „Was ist ‚perfekt' für Dich?" feststellen, dass die Erwartungen an Sie doch auf einem anderen Level waren, als von Ihnen interpretiert.

 Keiner erwartet von Ihnen, perfekt zu sein, außer Sie selbst.

Und wie erkennen Sie nun die Aufgaben, die wirkliche Akribie, wirklichen Perfektionismus erfordern? Wie lernen Sie zu priorisieren, um dem Stress, alles gut machen zu wollen, zu entgehen?

Nun, auch auf die Gefahr hin, dass ich dem „Zeitmanagement" (▶ Kap. 6) in diesem Falle etwas vorgreife, möchte ich doch näher auf diesen Punkt eingehen, denn ich fände es unbefriedigend, Ihnen die Antwort auf diese Frage schuldig zu bleiben.

Es gibt unterschiedliche Wege, wie man **priorisieren** kann.

Eine Möglichkeit ist die klassische **To-do-Liste**. Das Problem dabei ist nur, dass diese meist von hier bis Texas vollgeschrieben ist und man schon wieder mit einer Flut unerledigter Aufgaben konfrontiert ist, derer man nicht Herr werden kann. Je mehr Aufgaben man vor sich hat, desto mehr Angst entwickelt sich vor diesem Berg an Arbeit. Dies führt bei vielen Menschen zu Ablenkungsmanövern (sehr beliebt: Facebook, E-Mails, Telefonieren oder Kaffee trinken) und „Aufschieberitis". Man beschäftigt sich mit unwesentlichen und unwichtigen Aufgaben, anstelle korrekt zu priorisieren und damit Schritt für Schritt den Berg an Arbeit abzuarbeiten. Diese ausbleibende Priorisierung von Aufgaben ist ein absoluter Zeitfresser. Die Geschäftigkeit, die man sich selbst vorhält, hält einen von den eigentlich wichtigen Aufgaben ab. Man hatte schlichtweg „noch keine Zeit", sich damit zu beschäftigten. Und das Beste daran: Häufig ist einem sein eigenes Handeln und der fehlende Sinn dahinter gar nicht bewusst.

 Lassen Sie die Finger von Unwichtigem. Versuchen Sie nicht, unwichtige Aufgaben zu perfektionieren, sondern investieren Sie Ihre Zeit in die Dinge, die wirklich wichtig sind! Und dazu gehören auch Sie!

Also, Farben her! Gehen Sie durch die To-do-Liste und markieren Sie Ihre Aufgaben mit drei Farben:

- Rot: Diese Aufgabe ist sofort zu erledigen, da dringend und wichtig!
- Gelb: Diese Aufgabe ist war wichtig, hat aber noch Zeit. Gegebenenfalls notieren Sie sich zudem ein Datum, bis wann die Aufgabe erledigt sein muss.
- Grün: Diese Aufgabe können Sie delegieren.

Alle anderen Aufgaben sind erst einmal unwichtig.

Dieses Prinzip mit den Farben ist mein Favorit und ergibt sich aus zwei Schemata: der To-do-Liste, die eine Art Brainstorming ist und auch auf mehrere Bereiche aufgeteilt werden kann (Arbeit, Privat), und der Eisenhower-Matrix, welche ich zwar sehr gut finde, aber in der Umsetzung manchmal etwas schwierig. Außerdem sind To-do-Listen gängig und so kann man sie schnell erweitern, ohne sich neue Konzepte einprägen zu müssen.

Für Arbeitgeber: Ein Priorisieren in der Tierarztpraxis oder -klinik ist ebenfalls nach diesem Prinzip möglich und für Mitarbeiter auch nicht schlecht: Welche Aufgaben sind rot, gelb oder grün markiert? Helfen Sie Ihren Mitarbeitern dabei, Aufgaben zu priorisieren. Damit machen Sie ihnen auch klar, wo Sie mehr oder weniger Perfektionismus verlangen, und ziehen viel Stress aus dem ganzen Team.

Wo man mit Perfektionismus viel Zeit „verschwenden" kann, gibt es neben dieser übertriebenen Akribie noch einen weiteren Punkt, der uns im Hier und Jetzt möglicherweise lähmt: Zukunftsängste.

### Zukunftsängste

Einstein sagte einmal, dass er sich keine Gedanken über die Vergangenheit mache, sondern ausschließlich über die Zukunft, denn dort wolle er den Rest seines Lebens verbringen. Dies ist eine weise Aussage, sie enthält jedoch einen massiven Stolperstein: Manch einer verbringt gedanklich so viel Zeit in der Zukunft, dass er die Gegenwart komplett vergisst. Eigentlich sollte man der Gegenwart das Gros seiner Aufmerksamkeit schenken, denn diese ist die Dimension, in welcher wir uns ständig befinden und die wir am besten beeinflussen können. Dass man hierbei die Zukunft nicht völlig außer Acht lassen sollte, liegt hoffentlich auf der Hand.

Nichtsdestotrotz wirkt die Zukunft auf manchen wie eine Wanderung zu seinem persönlichen Schicksalsberg: schwarz und beängstigend. Besonders die folgenden (Zukunfts-)Ängste spielen dabei eine wesentliche Rolle:

- wirtschaftlich basierte Sorgen
- Vereinbarkeit von Familie und Beruf
- Angst vor Fehlern aus der Vergangenheit

**Wirtschaftlich basierte Sorgen**

Überall wird die Einhaltung der Gebührenordnung für Tierärzte (GOT) gefordert. Eine sinnvolle Forderung, denn jeder Beruf sollte so konzipiert sein, dass man gut davon leben kann. Es wird immer diejenigen geben, die richtig reich werden und sich eine goldene Nase verdienen. Es wird aber auch immer diejenigen geben, die ihren Beruf so lieben, dass sie mehr umsonst und unter Wert machen, als sie es wirtschaftlich verkraften. Oder die sich gezwungen fühlen, günstigere Preise zu nehmen, weil sie davon ausgehen, so Kunden besser halten zu können. – Oder aber es wird einfach vergessen, am Jahresende die eigenen Preise mit der Inflationsrate zu vergleichen.

Fakt ist (leider): Bereits in der Weimarer Republik hatte der praktische Tierarzt (und hier war er hauptsächlich noch auf dem Land tätig) in der Regel nicht genügend Umsatz. Laut Kitt (1931) war die Hälfte der Tierärzte sogar bedürftig. Böse Zungen könnten somit behaupten, dass es doch noch nie anders war, warum beschweren sich also die Anfangsassistenten über zu niedrige Gehälter? Als Tierarzt verdiente man noch nie viel!

Wie werde ich also meinen Umsatz, meinen Gewinn oder mein Gehalt zukünftig so stabil halten können, dass ich mir das leisten kann, was ich gerne möchte? Um diese Frage beantworten zu können, muss man sich intensiv mit dem eigenen wirtschaftlichen Tun auseinandersetzen. Und hier liegt der Hund begraben: Wann bitte lernt der Tierarzt, wirtschaftlich zu denken? In der Regel erst einmal gar nicht. Zumindest nicht „von Hause aus". Die Universitäten haben ebenfalls andere Schwerpunkte als Betriebswirtschaft.

Somit dämmert es vielen Kollegen erst im Laufe der Berufsjahre, dass es sinnvoll wäre, wirtschaftlicher zu denken:

- Was bin ich wert?
- Was ist meine Leistung wert?
- Was benötige ich monatlich auf dem Konto, um über die Runden zu kommen und mir parallel etwas beiseitelegen zu können?

Bevor Sie in finanzielle Notlagen geraten, nehmen Sie sich die Zeit und lassen Sie sich von geschulten Personen beraten oder setzen Sie sich mit einem Betriebswirtschaftler zusammen. Diese haben in der Regel eine einfache Rechnung: Wenn ich 1,00 € irgendwo investiere, dann möchte ich mindestens 1,50 € raushaben.

Nehmen Sie z. B. Ihr Studium. Rechnen Sie mit einem Minimalgehalt von 8,50 €/Stunde, die jeder in der Ausbildung bereits bekommen würde: 6,5 Jahre = 2372,5 Tage minus die Wochenenden = 1694,6 Tage insgesamt, in denen wir an der Uni sitzen oder lernen. Gehen wir von einem 8-Stunden-Tag aus (ja, wir arbeiten in der Regel mindestens zwölf Stunden pro Tag, aber ich vergleiche mit einer „regulären" Arbeitszeit), dann ergibt dies 13 557 Stunden, also ein Gehalt von 115 234,50 €. Das macht bei 6,5 Jahren ein Jahresgehalt von knapp 17 700 €. Das ist nicht viel. Aber es ist viel, wenn man bedenkt, dass es sich hierbei um einen Verlust handelt, den wir so schnell nicht wieder erwirtschaften können. Und vergleichen wir uns in einem weiteren Schritt mit unseren vergangenen Mitschülern: Was haben die nach dem Abitur gemacht – ein (vielleicht kürzeres) Studium, eine Ausbildung? Wie viele Freunde standen schon im Beruf, wo Sie noch die „Klinikbank" drückten oder über einer unbezahlten Doktorarbeit brüteten?

Was bedeutet das für uns? Erst einmal nur eine Zahl, die im Raum steht. Aber auch eine Zahl, die uns vielleicht antreibt, zukünftig unsere Arbeit mehr wertzuschätzen, als wir es bisher getan haben. Denn Vergleiche mit anderen Berufszweigen gibt es genügend. Und ja, auch ein Arzt verdient nach dem Studium mehr als ein Tierarzt. Aber hier finanzieren die Krankenkassen das System mit, was bei den Tierärzten nicht der Fall ist. Es ist somit kein wirkliches Argument.

Probieren wir es also einmal mit einer „Verlust-Rechnung" wie oben. Vielleicht fruchtet diese ja, um uns Tierärzten endlich den Ehrgeiz dafür zu geben, dass unsere Arbeit etwas wert ist und dass sie auch entsprechend – bei aller Tierliebe – vergütet werden muss.

Und dann sollte der finanzielle Stress – wenn wir dieses Problem einigermaßen gelöst haben, denn es fängt mit guter Verhandlungstaktik an (und entsprechendem Biss) – nicht so gravierend sein, dass er uns im Hier und Jetzt lähmt.

**Vereinbarkeit von Familie und Beruf**

Vor allem für Frauen stellt sich irgendwann die Frage, wie man eine Familie in der tiermedizinischen Karriere unterbringen kann. Hierbei unterscheidet sich die Fragestellung bei selbstständigen Tierärztinnen und angestellten Kolleginnen. Selbstständige fokussieren eher auf folgende Fragen:

- Wie kann ich meinen Umsatz während Schwangerschaft, Geburt und Babyzeit aufrechterhalten?
- Was passiert bei Problemen? Wie fange ich einen Ausfall auf?
- Wie kann ich die Betreuung meines Kindes (dauerhaft) gewährleisten?

---

### Fallbeispiel

Eine Kollegin leitete mit drei Partnern eine Tierklinik. Die Angestellten sprachen immer davon, wenn es um die Geburt ihrer beiden Kinder ging, dass diese ja zwischen „OP und Behandlungsraum" auf die Welt gekommen seien. Tatsächlich arbeitete die Kollegin bis zum Einsatz der Wehen und stand zwei Wochen nach der Geburt wieder im Behandlungsraum. Es ging alles gut. Die Betreuung ihrer Kinder überließ sie zum größten Teil einer Nanny, um als Tierärztin weiterhin am Ball bleiben zu können.

Als die zweite Partnerin schwanger wurde, wurde als Konsequenz ein „Kinderzimmer" im Keller der Tierklinik eingerichtet, in welches sich die zweite Mutter im Team zum Stillen zurückziehen konnte. Beide Mütter teilten sich die Nanny, die auch immer zur Unterstützung in der Klinik zugegen war.

Ob dies für jede Mutter eine gangbare Lösung ist, muss man selbst entscheiden. Aber ohne mindestens eine verlässliche Person im Hintergrund (oder für den Notfall kinderliebe Mitarbeiter) geht dieses Konzept nicht auf.

Angestellte Tierärztinnen sehen ihr persönliches Problem eher darin, wie man im Anschluss an einen Ausfall von +/– 1,5 Jahren den Wiedereinstieg findet und ob man als Mutter überhaupt akzeptiert wird. Zudem ist es ein zeitlicher Faktor, ob Familie und Beruf unter einen Hut passen und wer einen auch hier unterstützt, wenn man mal spontan wegen Krankheit ausfällt.

Da sich die veterinärmedizinische Branche zunehmend feminisiert, wird auch das Angebot für „Wiedereinsteigerinnen" zum Glück immer größer. Abgesehen davon erleben viele Praxen und Kliniken Mütter inzwischen als besser organisiert und stressresistenter als andere. Man sollte sich somit als Wiedereinsteigerin vor allem auf die positiven Eigenschaften berufen, die man sich während der Familienzeit aneignen konnte. Methodische (und auch fachliche) Kompetenzen kann man durch Fortbildungen und im Alltagsgeschäft relativ schnell wieder erlangen. Aber Stressresistenz, schnelle Auffassungsgabe und Reaktion, Zeitmanagement und Fokussierung sowie durchaus auch „Multitasking" sind Stärken, die Mütter im positiven Sinne in den Alltag einfließen lassen können.

**Angst vor Fehlern aus der Vergangenheit**

Dies ist eine der schwerwiegendsten „Gefängniskugeln", die man in die Zukunft mitschleppen kann. Anstelle die Stärke zu finden, Fehler aus der Vergangenheit als objektive Erfahrung zu werten, aus welcher man für die Zukunft lernt, wird die Angst zur Vermeidungstaktik negativer Erfahrungen. Und dies kann sich auch auf den Arbeitsalltag ausweiten, wie das folgende Fallbeispiel zeigt.

## Fallbeispiel

Eine versierte Kollegin in eigener Praxis kam irgendwann an einen Punkt, an dem sie vom Arbeitsalltag regelrecht ausgebrannt war. Nach „außen" erschien sie noch immer als gute und fröhliche Kollegin, die einen guten Draht zu Patientenbesitzern und Patienten hatte.

Eines Tages unterlief dieser faktisch überarbeiteten und übermüdeten Kollegin ein Fehler während der Kastration einer Hündin. Die Hündin starb.

Die Kollegin konnte sich diesen Verlust – und den „Mangel an Kompetenz" – nicht verzeihen und entwickelte solch eine Furcht, erneut bei einer OP zu versagen, dass sie zukünftig die Operationen von externen Kollegen machen ließ, anstelle sich mit dieser „Furcht" zu konfrontieren bzw. das „Versagen" konkret zu hinterfragen und aus dieser Erfahrung für die Zukunft zu lernen. Diese Kollegin hatte solch einen gravierenden Einschnitt in ihrem Selbstbewusstsein erfahren, dass es ihr emotional nicht mehr möglich war, Operationen durchzuführen. Hilfe nahm die Kollegin nicht an.

## Ein gegenteiliges Beispiel

Ich wurde einmal von einer sehr wichtigen Person in meinem Bekanntenkreis gefragt, ob ich einen guten Tierarzt kenne, der zuverlässig seine junge Hündin kastrieren könne. Da ich zu dieser Zeit nicht praktisch tätig war, verwies ich ihn an eine überaus kompetente Kollegin. Ich versicherte, dass seine Hündin hier gut aufgehoben sei und dass mit Inhalationsnarkose gearbeitet werde, was ein schnelles Eingreifen bei Notfällen erlaube. Mein Bekannter fühlte sich gut beraten und nahm meine Empfehlung an. Ein paar Tage später erhielt ich einen Anruf eben dieser Kollegin. Sie war völlig aufgelöst, der Hund sei in der Kastration verstorben. Ein Aortenthrombus hätte sich gebildet, sie hätten nichts mehr für die Hündin tun können. – Tiefe Betroffenheit und auch Scham waren die Folge. Aber nichtsdestotrotz arbeitete die Kollegin weiter und ließ sich nicht durch diese Erfahrung das „Skalpell aus der Hand nehmen".

Der unvorhergesehene Verlust von Patienten kann radikale Reaktionen auslösen, denn dies ist ein großer Faktor der Stressentwicklung bei Tierärzten, die dazu neigen, alle Situationen kontrollieren zu wollen. Zugegebenermaßen müssen sie dies auch, man denke nur an Notfälle, in welchen schnell und konsequent gehandelt werden muss.

Dennoch sollte ein Tierarzt auch im Laufe seiner Karriere unterscheiden lernen, welche Situationen tatsächlich kontrolliert werden können und welche Fälle außerhalb unserer Macht stehen. Diese Fähigkeit fängt bereits im Studium an, „verfolgt" uns aber auch lebenslang.

Einen Vorschlag, wie man mit der Furcht vor Versagen umgehen kann, haben Hjeltnes et al. (2015) in einer Studie mit 29 Studierenden herausgearbeitet, welche vor dem Programm massiv unter negativen Gefühlen, Sorgen oder Wutanfällen litten (▶ Abb. 5-5). Diese Studierenden nahmen an einem Stressreduktions-Programm über acht Wochen teil. Hierbei ging es in einem ersten Schritt um das „Finden" eines inneren Ruhepols. Dies wurde mithilfe von Meditation geübt. Anfänglich empfanden es die Studienteilnehmer als schwere Herausforderung, sich auf diese Übungen zu konzentrieren. Sie waren rastlos, frustriert, reagierten teilweise mit Erschöpfung und mangelnder Konzentration. Im Verlauf der Zeit aber „gewöhnten" sie sich nicht nur an diese „Ruhe", sie empfanden sie auch als positiv. In einem weiteren Schritt waren die Studienteilnehmer dazu angehalten, untereinander über ihre Probleme und Ängste zu sprechen. Sie sollten hierbei erleben, dass sie nicht alleine waren. Um auf zukünftige Aufgaben fokussiert bleiben zu können, bestand der nächste Schritt darin, Achtsamkeitsübungen dazu zu nutzen, die eigenen Gedanken wieder zu bündeln. Dies vor allem während und vor Prüfungsphasen, in denen die Versagensangst überhandzunehmen drohte. Die Angst sollte zudem in Neugier umgewandelt werden. Durch diese „neue Einstellung" bekamen die Studierenden die Möglichkeit, Freude am Lernen neuer Fähigkeiten zu entdecken statt neues Wissen angstbedingt zu meiden. In einem letzten Schritt erfuhren die Studienteilnehmer mehr Selbstakzeptanz in schwierigen Situationen. Anstelle sich darauf zu versteifen, wie man wohl sein „müsste" oder was man können „sollte", wurde durch diese fünf Maßnahmen die eigene selbstkritische Einstellung aufgeweicht: Die Ernsthaftigkeit wich einer Ausgeglichenheit.

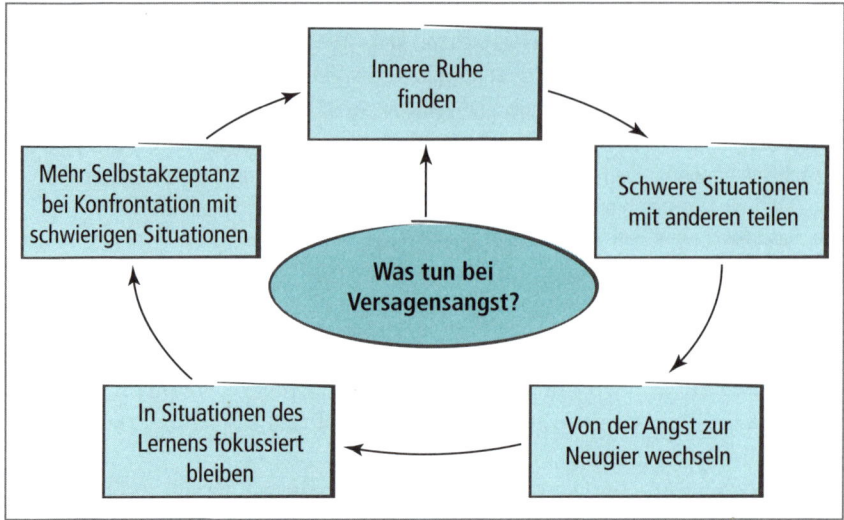

**Abb. 5-5** Umgang mit Versagensangst (nach Hjeltnes et al. 2015)

Jede Zukunft ist individuell und kann Ängste hervorrufen, die man unter Kontrolle bekommen muss. Und Kontrolle bekommt man über die Angst, indem man einen (ersten) Plan hat und diesen in gewissen zeitlichen Abständen verifiziert – oder aber den Kurs ändert.

## Übung

### Reise in die Zukunft

Um sich auf die Reise in die eigene Zukunft begeben zu können (und dies sollte jeder irgendwann einmal gemacht haben), gibt es zwei schöne Übungen.
Für die erste Übung benötigen Sie ein großes Blatt Papier (z. B. A3) sowie einen dicken Stift. Malen Sie einen Pfeil von unten nach oben über die gesamte Länge des Blattes. Ganz oben am Ende der Pfeilspitze schreiben Sie das aktuelle Jahr plus 20 (wenn das aktuelle Jahr z. B. 2017 ist, so steht an der Pfeilspitze das Jahr 2037). Nun kommen folgende Überlegungen hinzu:
- Wie alt werde ich in 20 Jahren sein?
- Was möchte ich in 20 Jahren erreicht haben? (Karriere)
- Was wird mich in 20 Jahren glücklich machen? (persönliche Ziele)
- Zusammenfassend: Wo sehe ich mich in 20 Jahren?

Schreiben Sie Ihre Zukunftsvorstellungen neben die Pfeilspitze. Hierbei können Sie auch Themen clustern: Ein Blatt enthält Ihre persönlichen Ziele, ein Blatt ausschließlich Ihre beruflichen Ziele. Am Ende können Sie die beiden Blätter vergleichen, um zu sehen, wie kompatibel diese Vorstellungen sind.

Im zweiten Schritt beschäftigen Sie sich mit dem „Weg dorthin". Überlegen Sie sich, welche Schritte dafür notwendig sind. Machen Sie sich dabei auch bewusst, wie viel Zeit für welchen Schritt eingeplant werden muss (z. B. Fachtierarzt drei bis vier Jahre, Dissertation zwei bis fünf Jahre, Praxisübergang zur Abgabe ein bis drei Jahre, Familienzeit ein bis sechs Jahre). Beachten Sie hierbei auch die folgenden Fragen:

- Was ist wirklich realistisch?
- Welche Ressourcen stehen mir zur Verfügung, um mein Ziel zu erreichen?
- Wie passt der Weg zu mir?
- Welche „Seitenhiebe" müssen ggf. einkalkuliert werden?

Bei dieser Übung geht es nicht darum, sich einen „sauberen" Zukunftsplan zu erstellen, denn meist haben wir doch mit unerwarteten Ereignissen zu kämpfen, die verhindern, dass der idealisierte Zukunftsweg auch so beschritten werden kann. Aber diese Übung ermöglicht uns, die Zukunft und unsere Wünsche klarer zu sehen, vielleicht sie auch gar erst zu erkennen. Möglicherweise werden Sie mit dieser Übung erkennen, dass Ihnen vielleicht die Art Ihrer Tätigkeit weniger wichtig ist als z. B. ein gutes Team oder die Vereinbarkeit mit der Familie. Oder im Gegenteil. Vielleicht erkennen Sie, dass ein Fachtierarzt oder ein Diplomate Ihr absolutes Nonplusultra ist und dass die Familienvorstellung Ihnen „aufgestülpt" wurde. Oder aber Sie erkennen, dass Sie Ihre Praxis gerne abgeben möchten, um endlich mehr Zeit für sich und Ihre Familie zu haben. Probieren Sie es aus!

Als Krönung dieser Übung schließen Sie die Augen und stellen sich vor, was ein guter Freund Ihnen raten würde, würde er aus der Zukunft mit Ihnen sprechen. Und wählen Sie bitte einen Freund, der kein Blatt vor den Mund nimmt, sondern Sie durchaus auch mit der harten Realität konfrontiert!

## Konkurrenzdenken und Mobbing

**Konkurrenz** gibt es immer und überall. Aber manchmal wird diese zur Belastung und führt nicht nur zu Zukunftsängsten (Wie gehe ich damit um? Wie geht es überhaupt weiter?), sondern natürlich auch zu Stress – ob es sich um Konkurrenz innerhalb des Teams handelt oder zwischen Tierarztpraxen.

Betrachten wir im ersten Fall die Konkurrenz innerhalb von Tierarztpraxen. Diese Konkurrenz entsteht auf gleicher Hierarchieebene und basiert sowohl auf extrinsischer als auch intrinsischer Erwartung: Man möchte der Beste sein, um dabei sich selbst Ziele zu ermöglichen oder vor dem Chef zu punkten. Je stärker sich ein Aufgabenbereich überschneidet und je höher die Erwartungshaltungen sind, desto ausgeprägter kann das Konkurrenzdenken sein.

In gravierenden Fällen geht es bis zum **Mobbing** als Folge der Konkurrenzsituation. Mobbing beschreibt dabei das Angreifen, Bedrängen oder Anpöbeln anderer Menschen. Dass solche Situationen gesundheitliche Folgen wie Depression, Burnout, Angst oder auch Aggression sowie psychosomatische und muskuloskelettale Erkrankungen der Opfer nach sich ziehen, muss man vermutlich nicht erwähnen (Hansen 2011). Auch Symptome einer Posttraumatischen Belastungsstörung (PTBS) werden bei Mobbingfällen beschrieben (Einarsen 2000).

Mobbing am Arbeitsplatz ist charakterisiert durch die folgenden vier Hauptmerkmale (Rissi et al. 2016):

- **Häufigkeit und Wiederholung:** Anfeindendes Verhalten muss mehrmals am Tag über eine bestimmte Zeitspanne auftreten.
- **„Persönlichkeit":** Verhaltensweisen sind nicht auf eine Gruppe von Menschen gerichtet, sondern auf eine bestimmte Person. Es ist möglich, dass mehr als eine Person in einer Gruppe Ziel von Anfeindungen wird, aber der Prozess an sich ist immer direkt und persönlich.
- **Örtlichkeit:** Anfeindende Verhaltensweisen müssen unter den Mitarbeitern direkt am gemeinsamen Arbeitsplatz auftreten.
- **Vorsätzliche Absicht, zu schaden:** Die Verhaltensweisen beabsichtigen, das Opfer zu schädigen, seine Handlungsfreiheit zu beschränken und eine „Entfernung" aus dem Projekt, Team oder der Organisation zu bewirken.

Die Folgen von Mobbing für die Praxis/Klinik sind (FGÖ 2012):

- verringerte Arbeitsleistung aller im Mobbing-Prozess beteiligten Personen durch Verlust der Konzentration; es wird mehr Zeit in die Planung neuer Attacken gesetzt, anstelle sich auf die praxis-/klinikinternen Aufgaben zu konzentrieren
- Verschlechterung des Arbeitsklimas durch Absinken der Motivation oder Erhöhung von Ängsten, möglicherweise das nächste Mobbing-Opfer zu werden
- wirtschaftlicher Schaden durch krankheitsbedingte Mitarbeiterausfälle

Ein Konkurrenzdenken innerhalb von Praxen kann eigentlich nur aus der Chefetage abgeschwächt werden, indem man Aufgaben klar strukturiert. Außerdem sollten Konkurrenzsituationen mit einer feinfühligen Beobachtungsgabe früh aus dem Weg geräumt werden. Gibt es Situationen, in denen Konkurrenz „erwünscht" ist, dann obliegt es weiterhin der Chefetage, diese Konkurrenz zu überwachen und ein „Fair Play" einzufordern (man kann z. B. vorab Regeln aufstellen; ▸ Kap. 4.2.2). Denn Konfliktsituationen, die zu eskalieren drohen, schwächen nicht nur das gesamte Team, sondern führen durchaus auch zu Mobbing. Eine Führungskraft sollte daher vor allem Teamgespräche dazu nutzen, auf den Umgang der Teammitglieder untereinander zu achten. Fallen Ihnen gruppendynamische Prozesse oder offene Konflikte auf, dann sprechen Sie es an. Sie setzen damit ein klares Zeichen, dass Sie Ausgrenzungsversuche oder beginnendes Mobbing nicht tolerieren (FGÖ 2012).

Um Mobbing in der eigenen Praxis/Klinik möglichst zu vermeiden, sollten zudem die folgenden Punkte beachtet werden (▸ Abb. 5-6):

- Sensibilisieren Sie als Führungskraft Ihre Mitarbeiter frühzeitig für das Thema und stehen Sie als Ansprechpartner zur Verfügung.
- Greifen Sie bei Konfliktsituationen zwischen Mitarbeitern sofort ein und versuchen Sie, die Situation zu klären.

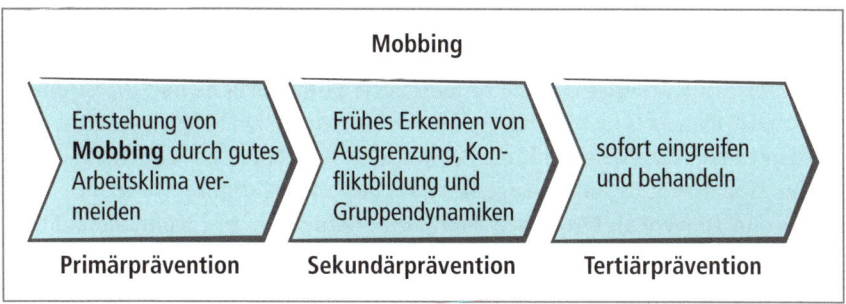

**Abb. 5-6** Prävention von Mobbing (nach FGÖ 2012)

- Aufgaben und Entscheidungen sollten für alle Mitarbeiter transparent und nachvollziehbar sein (hier können z. B. SMARTe Ziele zum Einsatz kommen; ▶ Kap. 4.2.2; Abb. 4-4).
- Schulen Sie die Kommunikation und Konfliktfähigkeit im Team.

Wichtig als Führungskraft ist weiterhin, eine gute Balance zu schaffen zwischen „tyrannischer Leitung" und einem *„laissez faire"*. Beide Extremversionen fördern die Entstehung von krankhafter Konkurrenz und Mobbing (Salin 2008). Die Herausforderung besteht darin, einen kooperativen Führungsstil zu entwickeln, welcher bereits in ▶ Kapitel 4.3 angesprochen wurde. Denn der Vorteil dieses Führungsstils liegt unter anderem darin, dass eine stabile Vertrauensbasis zwischen Mitarbeiter und Chef entsteht und damit zu einem früheren Zeitpunkt Konflikte, die in Mobbing münden könnten, angesprochen werden.

Mobbing kann aber auch über Hierarchieebenen hinaus ein Problem sein, wenn sich entweder Gruppen zusammentun, um eine Führungsposition zu mobben, oder wenn eine Führungskraft ihre Mitarbeiter – oder einen bestimmten – mobbt („auf dem Kieker hat" ist noch eine Verharmlosung dessen, was tatsächlich praktiziert wird). Ursache dieser Form des Mobbings sind eher unausgesprochene Konflikte als gefühlte Konkurrenz, die auf diese Art und Weise eskalieren und zum Spießrutenlauf werden. Wir sprechen dabei nicht von „Getuschel hinter dem Rücken" oder „Manöverkritik". Das „Ziel" des Mobbings ist die tatsächliche Ausgrenzung der betroffenen Person und das offensive Angreifen, ob verbal oder sogar körperlich.

> ❗ Konkurrenz und Mobbing in Teams machen nachweislich krank. Auch die psychischen und physischen Folgen für das Opfer sind fatal. Neben Demotivation und Misstrauen entstehen Essstörungen, Panikattacken oder andere körperliche Beschwerden. Mobbing und zu ausgeprägte Konkurrenz führen zu Krankschreibungen und fallen daher rückwirkend der Praxis bzw. Klinik auf die Füße. Dass also die Chefetage für dieses Thema sensibilisiert werden sollte, steht außer Frage.

Wer selbst von Mobbing oder belastender Konkurrenz betroffen ist, sollte rechtzeitig aktiv werden und sich nicht in seine Opferrolle fügen (Resilienz, ▶ Kap. 5.2; Abb. 5-1). Ein klärendes Gespräch, auch unter Hinzuziehen einer dritten möglichst neutralen Person, hilft häufig schon in einem ersten Schritt, die Probleme anzusprechen, die vielleicht hinter dem Mobbing stehen. Dies kostet zwar die meiste Überwindung, aber: Angriff ist die beste Verteidigung (bitte möglichst ruhig und souverän). Oft geben Mobber bereits dann auf, wenn sie auf ihre Handlungen angesprochen werden.

Ich werde hier nicht ausführlicher auf Mobbing eingehen, denn dann würde ich die Büchse der Pandora öffnen. Mobbing ist ein sehr umfangreiches Thema und ich möchte an dieser Stelle diejenigen bitten, die tatsächlich von Mobbing am Arbeitsplatz betroffen sind, sich Hilfe zu holen (Selbsthilfegruppen, psychologische Beratung, juristische Beratung etc.). Und dies umgehend! – Wichtig und dringend auf Ihrer To-do-Liste! – Jetzt aufschreiben und rot markieren!

Die Konkurrenz zwischen Tierarztpraxen und Kliniken kann ebenfalls in Mobbing ausarten (hier greift dann eher der Begriff „üble Nachrede"). Auch hier sollten die oben genannten Punkte Anwendung finden (inkl. Hilfe holen!). Allerdings sind tatsächliche Mobbing-Fälle zwischen Tierarztpraxen eher die Ausnahme. Stärker verbreitet ist das Unterbieten von Preisen oder z. B. die ausstehende Rücküberweisung von Patienten (klassisch: Kleintierarzt überweist Patient an größere Klinik, diese übernimmt den Patienten einfach, anstele ihn nach erfolgreicher Behandlung mit einem Patientenbrief wieder zurückzuüberweisen).

Wenn Sie sich von der Konkurrenz einer anderen Tierarztpraxis oder -klinik bedroht fühlen, dann ruhen Sie sich auch hier nicht auf Ihrer Opferrolle aus, sondern überlegen Sie aktiv, was Sie tun können, um Ihre Situation zu ändern. Meist hilft: Abheben von der Konkurrenz. Lassen Sie sich von einem Marketing-Experten beraten, wie Sie ggf. Ihre Außendarstellung, Ihre Expertise oder Ihr Angebot ändern können, sodass die Konkurrenten um Sie herum ihre Bedrohlichkeit verlieren. Fühlen Sie sich auch nicht sofort dazu gezwungen, einen „Preiskampf" auszufechten. Patientenbesitzer suchen natürlich gerne erst einmal Praxen, die kostengünstig sind, aber das ist nicht das Einzige, was Patientenbesitzer hält.

## Fallbeispiel

In einem Praxismanagement-Seminar war ich erschrocken, wie vehement sich eine Kollegin in ihrer Opferrolle versteifte.

In diesem Seminar ging es neben Management auch um das Thema Praxismarketing. Es wurden viele sinnvolle Tipps gegeben, wie man sich von anderen Praxen abheben kann.

Dennoch meldete sich die Kollegin und erzählte, dass sie von drei „Altherren-Praxen" umgeben sei, in denen die Kastrationen noch nebenher und „gegen Bares" erfolgten.

Sie fühle sich daher gezwungen, nur den einfachen GOT-Satz zu verlangen. Auf meinen Hinweis, dass sie doch nun super Input erhalten habe, wie man sich abheben kann, reagierte sie schlicht nicht, sondern klagte weiter darüber, dass sie sich in einer ausweglosen Situation befände. Am Ende ließen auch die anderen Kollegen des Seminars davon ab, ihr Tipps geben zu wollen. Sie sprach das Thema zwar an, aber man merkte recht schnell, dass sie einfach nichts ändern wollte. Aus welchen Gründen auch immer.

## Ein gegenteiliges Beispiel

Ein gegenteiliges Beispiel stellt ein guter Kollege aus Oberbayern dar.
Ihm wurde eine Klinik quasi „vor die Nase" gestellt. Was er anfänglich als „Erweiterung der eigenen Leistungen" betrachtete, stellte sich bald als Trugschluss heraus. Jeder Patient, den er für weitergehende Untersuchungen an die Klinik überwies, kam nicht wieder. Zumindest vorerst. Nach und nach fanden aber die Patientenbesitzer den Weg zu ihm zurück, denn bei ihm waren sie nicht mit stetig wechselndem Personal und „Anonymität" konfrontiert, sondern wurden von einem herzlichen Einzelpraktiker betreut, der jeden Patienten in und auswendig kannte. Und dass er geringfügig höhere Preise nahm als die Klinik, das störte dann auch nicht mehr.

# 6 Zeitmanagement

Kennen Sie noch die Geschichte von Momo, dem kleinen Mädchen, das nicht verstand, warum plötzlich alle Kinder um es herum keine Zeit mehr zum Spielen hatten? Und die grauen Männer, die jedem die Zeit klauten? Von solchen Zeitfressern sind wir täglich umgeben, nur dass sie nicht sogleich erkennbar sind.

Was meinen Sie, wie viel Zeit Sie zusätzlich gewinnen könnten, wenn Sie Ihr Zeitmanagement sowohl privat als auch in der Praxis oder Klinik optimieren könnten, wenn Sie Doppelaufgaben oder auch unnötigen Leerlauf von sich selbst und Mitarbeitern vermieden? Glauben Sie mir, es kämen Tage, wenn nicht gar Wochen heraus!

Ein gutes Zeitmanagement ist wirklich eine Kunst. Man wird immer Punkte finden, die nicht so rund laufen wie sie sollten, und man wird auch immer wieder mit Situationen konfrontiert sein, die man nicht kontrollieren kann oder die unvorhersehbar waren.

Nichtsdestotrotz sollten jede Praxis oder Klinik und auch wir selbst immer bestrebt sein, ein möglichst gutes Zeitmanagement und damit verbunden auch ein besseres Selbstmanagement an den Tag zu legen. Dazu gehören ferner ein effektives Termin- und sogar Patientenmanagement, denn wie wir alle wissen, können Patienten sehr viel Zeit in Anspruch nehmen.

Und hier liegt besonders bei Praxis- und Klinikinhabern der Hase im Pfeffer, denn die effektive Aufgabenverteilung oder das Management insgesamt sind keine Kompetenzen, die uns Tierärzten beigebracht werden. Auch Delegieren muss gelernt sein. Man muss sich somit entweder jemanden ins Haus holen oder sich diese Kompetenzen selbst aneignen, was aber der durchaus längere (und tatsächlich kostenintensivere) Weg sein kann.

## 6.1 Persönliches Zeitmanagement

Um ein bisschen in „Stimmung" zu kommen, was Zeitmanagement bedeutet, möchte ich mit Ihrem eigenen Management beginnen. Ich möchte Sie bitten, die folgende Übung an vier Ihrer freien Tage durchzuführen, denn wenn Sie schon frei haben, dann sollten Sie die Zeit auch anständig nutzen können, oder? Außerdem: Was Sie in Ihrer Freizeit geübt haben, können Sie besser aufs Berufsleben übertragen.

Also, beginnen Sie, Ihre Frei-Zeit zu managen:

## Übung

### Zeitmanagement-Protokoll

Machen Sie sich auf die Suche nach den Zeitfressern. Hierfür müssen Sie mindestens vier Tage, besser noch sieben Tage, Protokoll schreiben. Dies kann in unterschiedlichen Versionen erfolgen, ich möchte Ihnen aber die Version vorstellen, die ich am praktikabelsten finde:

Sie nehmen sich entweder ein Blatt zur Hand oder ein Aufnahmegerät (Ihr Handy). Nun schreiben Sie all Ihre Tätigkeiten auf und von wann bis wann Sie diese durchgeführt haben (bzw. sprechen Sie in Ihr Aufnahmegerät; ich persönlich bevorzuge das Aufnahmegerät, das geht schneller). Abends kommt dann die Auswertung, wie viel Zeit Sie wofür verwendet haben. Am Ende der vier Tage oder der Woche werden Sie feststellen, dass es sicherlich die eine oder andere Tätigkeit gab, die mehr Zeit in Anspruch genommen hat als erwartet.

Oder aber: Sie hatten eine Tätigkeit, die Sie mehrmals unterbrechen mussten? Auch hier liegt ein Zeitfresser begraben, denn wenn Arbeiten nicht „en block" erledigt werden, verlieren Sie Ihre Konzentration, die Sie sonst beibehalten würden (▶ Abb. 6-1).

Weitere typische Zeitfresser sind soziale Medien und die moderne Informationstechnik. Das ständige „aufs Handy gucken": verpasste Anrufe, Facebooknews, Twitter. Eine „Ablenkung" wird immer einfacher.

Auch von „Aufgaben" wird man „verfolgt", die man unbedingt (!) erledigen wollte. Alles erscheint dringend und/oder wichtig. Man springt „hierhin" und „dorthin" und dann – „Hups" – ist der Tag wieder rum und man hat „nichts geschafft".

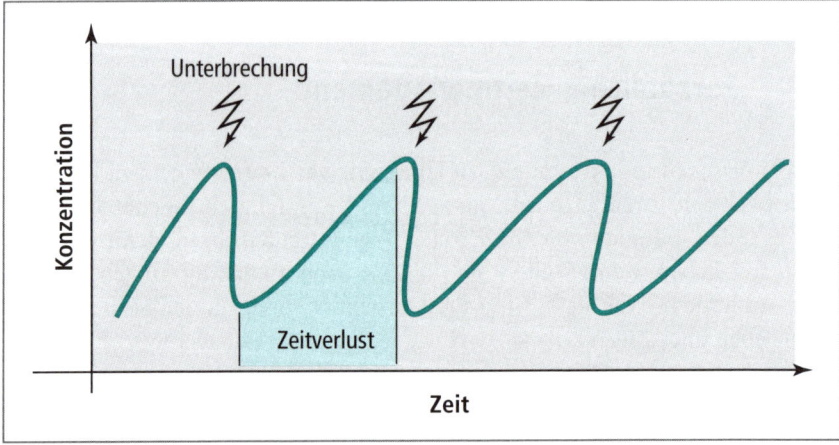

**Abb. 6-1** Zeitverlust bei Unterbrechungen

Dieses unbefriedigende Ergebnis ist nicht ausschließlich die Summe echter externer Zeitfresser, sondern, wie in ▸ Kapitel 5.4.2 (intrinsische Erwartungshaltungen) bereits angesprochen, ein Problem des sinnvollen Priorisierens. Die fehlende Kompetenz, wichtige Aufgaben von den unwichtigen zu unterscheiden und den „Stapel an Arbeit" strukturiert abarbeiten zu können, ist hier das Hauptproblem. Um diesen „Stapel" nicht angehen zu müssen, täuscht man eine Geschäftigkeit vor, die keine Zeit für andere Aufgaben lässt. Und schon wären wir wieder bei dem „Hups, na sowas! Wieder nicht geschafft!" am Ende des Tages.

## 6.1.1 To-do und Pareto

Die To-do-Liste haben Sie bereits im vorherigen Kapitel kennengelernt. In diesem Kapitel möchte es aber nochmals, etwas weiter gefasst, aufgreifen und zusätzliche Möglichkeiten vorstellen.

**Die To-do-Liste** Hier kann man, wie schon beschrieben, mit Farben (rot, gelb, grün) und mit Terminen (bis dann zu erledigen!) arbeiten (▸ Abb. 6-2). Wichtiger Punkt beim Verfassen einer To-do-Liste ist, dass man diese abends kontrollieren (schöner Nebeneffekt: man sieht, was man alles geschafft hat) und für den nächsten Tag ergänzen sollte. Das Gleiche macht man

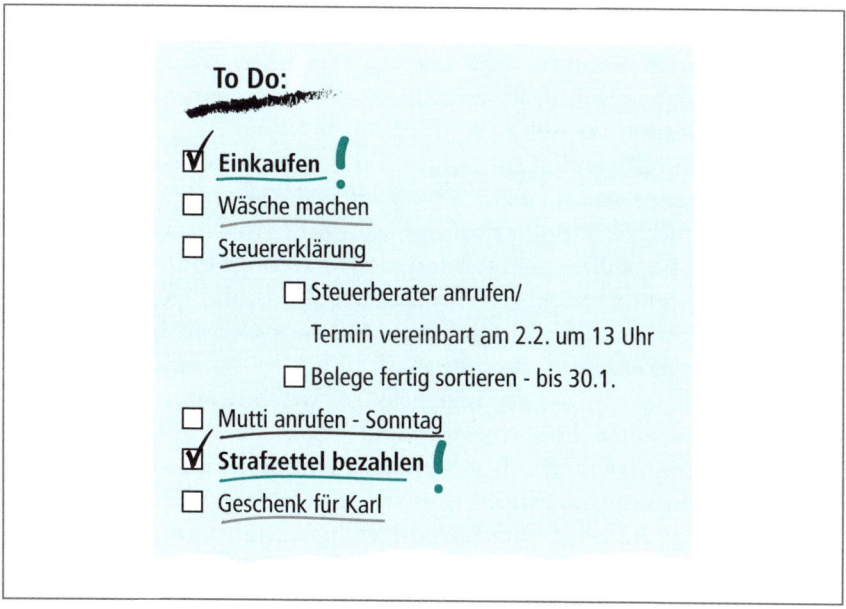

**Abb. 6-2** To-do-Liste zur Minimierung des Einflusses von Vergesslichkeit

morgens noch einmal, sodass man genau weiß, was an Aufgaben über den Tag verteilt ansteht. Versuchen Sie, sich dabei nicht mehr als sechs To-do's pro Tag vorzunehmen. Wenn Ihre Liste zu lang wird, dann wirkt dies nur unbefriedigend. Seien Sie zudem bei Ihrer Zeitplanung realistisch und planen Sie immer ungefähr 40 Minuten extra für Dinge ein, die „dazwischenkommen".

So behalten Sie den Überblick und lernen auch recht schnell einzuschätzen, wann Sie sich „überladen". Natürlich können Sie auch in diesem Fall mehrere To-do-Listen führen, um die Übersicht zu behalten: Privates. Berufliches. Andere Themenbereiche. Ich z. B. habe für jeden Themenbereich eine eigene To-do-Liste (Administration, Kunden, Social Media etc.). Diese rotieren täglich, sodass ich immer einen Themenbereich pro Tag abarbeiten kann. Sollte ich mit einem Bereich früher fertig werden als gedacht, wechsle ich einfach schon zum nächsten.

Wenn Sie Ihre persönliche To-do-Liste nochmals optimieren möchten, dann fügen Sie zudem Zwischenschritte ein. So können Sie genau sehen, wie weit Sie sind, um eine Aufgabe vollständig beendet zu haben.

**Das Pareto-Prinzip** Das Pareto-Prinzip ist ein schönes Prinzip gegen zu viel Perfektionismus, aber unterstützt auch bei dem „Mutter-Theresa-Syndrom" oder dem „Please-me-Syndrom". Wie bereits angesprochen, ist Perfektionismus in Form eines gesunden gewissenhaften Arbeitens ein absoluter Pluspunkt, allerdings im übertriebenen Maße ungesund. Wer zudem immer allen helfen will („Einer muss es ja machen" / „Mutter-Theresa-Syndrom") oder jedem gefallen möchte („Please-me-Syndrom"), kann auch hier einen Weg finden, Aufgaben schneller und besser zu erledigen, ohne sich selbst und seine Werte über Bord werfen zu müssen.

Das Pareto-Prinzip basiert darauf, dass Sie eine Menge Zeit einsparen, wenn Sie Dinge nur zu 80 % statt zu 100 % erledigen. Denn diese letzten 20 %, die man noch benötigt, um eine Aufgabe zu 100 % erledigen zu können, nehmen 80 % Ihrer Zeit in Anspruch (▸ Abb. 6-3).

Dieses Prinzip unterstützt Sie darin, effektiv zu priorisieren und Zeit nicht für Dinge zu verschwenden, die unwichtig(er) sind. Die Frage zur Umsetzung ist: wo raubt Ihnen die letzte Akribie die meiste Zeit? Wo schaffen Sie in kurzer Zeit eine solide Basis, die vielleicht genau so stehen bleiben könnte, weil keinem (außer Ihnen möglicherweise) der fehlende letzte „Feinschliff" auffällt? Das Ziel ist: Nicht weniger, sondern anders arbeiten! Mit mehr Gelassenheit. Intelligent zu arbeiten und nicht zu perfektionistisch. Das erfordert, die eigene Arbeitsweise in kleinen Schritten umzustellen und mehr Zeit durch weniger Ansprüche an sich selbst zu gewinnen (Boersch u. von Diest 2006).

**Achtung, Stolperstein:** Für diejenigen, die eher einen Hang zu Schnelligkeit und Hetze haben, kann das Pareto-Prinzip nach hinten losgehen, denn es könnte dazu führen, dass Aufgaben noch schludriger durchgeführt werden. Atmen Sie also bitte in diesem Fall tief durch und beschäftigen Sie sich in Ruhe mit dem Prinzip. Denn es geht nicht darum, schneller, sondern effektiver zu arbeiten!

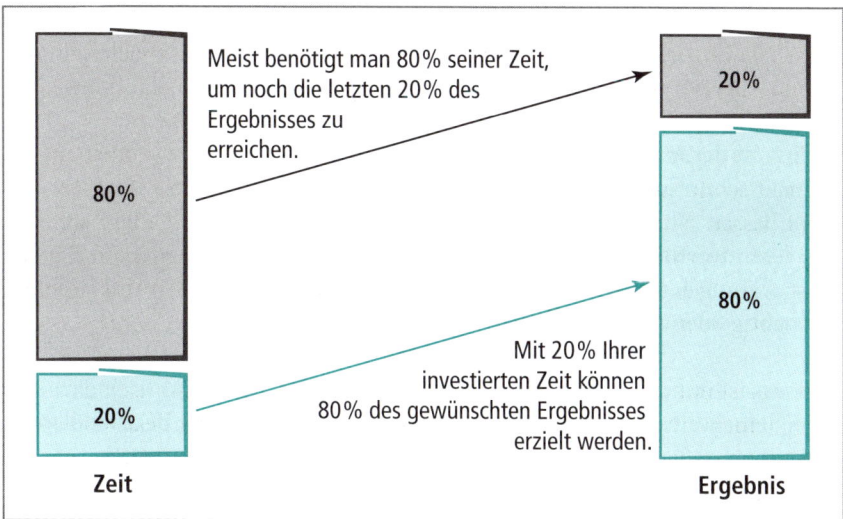

Meist benötigt man 80% seiner Zeit, um noch die letzten 20% des Ergebnisses zu erreichen.

80%

20%

20%

80%

Mit 20% Ihrer investierten Zeit können 80% des gewünschten Ergebnisses erzielt werden.

Zeit

Ergebnis

**Abb. 6-3** Das Pareto-Prinzip

## 6.1.2 Zeitmanagement-Kompetenzen

Wer es erfolgreich schafft zu priorisieren, lässt sich vielleicht doch immer wieder ablenken. Für diese inneren Ablenkungsmanöver kann man „Auszeiten" schaffen. Hier spreche ich auch immer gerne von den „Gedankenaffen", die ich ursprünglich im Buch „How to coach" von Ina Hullmann (2012) kennengelernt habe. Kennen Sie sicher: Sie sind total konzentriert auf etwas und plötzlich fällt Ihnen etwas anderes ein! Und dann noch etwas und noch etwas. Wie eine Horde wilder Affen kommen die Gedanken von allen Seiten, dabei hatten Sie es sich fest vorgenommen, konzentriert zu arbeiten … – Einzige Möglichkeit, außer Konzentrationsübungen zu machen: Schreiben Sie den Gedanken auf einen Zettel, dann ist er „raus" und kann zu einem späteren Zeitpunkt bearbeitet werden.

Um Ihr persönliches Zeitmanagement zu optimieren, gibt es neben den hier vorgeschlagenen Methoden aber noch weitere wichtige Punkte, die Sie nur selbst an sich ändern können:

**Durchhaltevermögen** Man hält es vielleicht eine Woche aus, dann schleichen sich die alten Gewohnheiten wieder ein. Halten Sie sich das immer wieder vor Augen. Auch ein wichtiger Punkt: Wenn Sie etwas ändern wollen, dann tun Sie dies innerhalb von 48 Stunden, sonst wird's nix!

**Selbstreflexion** Sie haben es schon immer so gemacht und es hat immer schon so funktioniert? Mag sein, aber seien Sie ehrlich mit sich: Lief es wirklich immer optimal oder sollte man das eine oder andere nicht doch mal ändern?

**Offenheit und Mut zur Veränderung** Ganz schwierig! Vor allem die Offenheit, etwas Neues, vielleicht auch Ungewöhnliches oder Unkonventionelles zu probieren. Aber wie man beim Essen so schön sagt: Erst probieren, dann meckern!

**„Selbst ist der Mann/die Frau"**! Ich habe diesen Satz schon verwendet, aber es ist nicht schlimm, dass ich ihn wiederhole, denn so merken Sie ihn sich vielleicht besser: Nur Sie können etwas an sich ändern, denn Sie allein sind für sich verantwortlich. Sonst niemand! Lassen Sie also niemand anderen für sich Entscheidungen treffen. Das gilt auch für Ihr Zeitmanagement. Wenn Sie etwas als wichtig oder unwichtig ansehen, dann stehen Sie auch dazu.

Und was ist mit der „Aufschieberitis"? Wenn Sie akut oder chronisch darunter leiden (eine weitverbreitete Krankheit, um unangenehme oder belastende Aufgaben hinauszuzögern), dann versuchen Sie, sich bewusst zu machen, warum Sie diese Aufgaben vor sich herschieben. Vielleicht sagen Sie sich jetzt: Ist doch klar, weil die Aufgabe keinen Spaß macht oder nervt! OK. Aber was konkret nervt Sie daran? Die Aufgabe selbst oder das Ergebnis? Ist das Ergebnis vielleicht gut? Fühlt sich gut an, die Aufgabe erledigt zu haben? Na? Ist das Gefühl, dieses Unangenehme überwinden zu können, nicht ein kleines Erfolgserlebnis? Vielleicht hängen Sie sich zu sehr an die Aufgabe selbst und sollten eher Ihren Blick auf das „Danach" richten?

Dennoch gibt es Aufgaben, die wir einfach ungern tun: Steuererklärung, Medikamentenbestellung usw. Da müssen also auch wieder Strategien her, die einem helfen, diese To-do's möglichst angenehm zu überstehen. Drei sind sehr schnell umsetzbar:

- **Belohnen Sie sich!** Wenn Kinder zum Kinderarzt gehen und eine Impfung erhalten, tut das weh und ist häufig auch von Tränen begleitet. Aber wenn dann im Anschluss der Lutscher in Empfang genommen werden kann, ist alles wieder gut! Oder auch: Wie trainieren Sie Ihren Hund? Sie verlangen etwas von ihm und belohnen danach. Warum nicht auch bei Ihnen selbst? Wenn Sie Dinge super gemacht haben, dann belohnen Sie sich doch auch dafür!
- **Verbinden Sie es mit etwas Angenehmem.** Bei manchen Aufgaben benötigt man nicht viel Hirnschmalz. Diese Aufgaben können Sie z. B. mit interessanten Fernsehberichten (oder der Lieblingsserie, die Sie ständig durch Ihre Arbeit verpassen) verbinden, mit Hörbuch oder Musik. Vielleicht etwas, das Sie sich nur während dieser Aufgabe erlauben. Und Sie werden sehen, unter diesen Umständen freuen Sie sich regelrecht darauf, z. B. endlich wieder Medikamentenbestellungen machen zu dürfen.
- **Delegieren Sie.** Man kann nicht alle Aufgaben delegieren. Aber das Klassische ist die Steuererklärung, die grundsätzlich jeden von uns nervt, außer den Steuerberater. Aber ihn vielleicht auch nur nicht, weil er damit Geld verdient? Wie dem auch sei, wenn Sie die (finanzielle) Möglichkeit haben, schieben Sie die Aufgaben auf jemanden, der sie für Sie erledigt. Nur Vorsicht: Wenn diese

Aufgaben denjenigen genauso nerven, dann müssen Sie damit rechnen, dass sie nicht zu Ihrer Zufriedenheit ausgeführt werden. Also passen Sie in diesem Punkt etwas auf und greifen Sie lieber auf professionelle Unterstützung zurück. (Denken Sie auch daran, wie viel Stress-Freiheit Sie sich „erkaufen" können, wenn Sie einen Teil Ihres Haushaltes delegieren. Nicht jeder muss es so machen wie ich (s. u.), denn wenn das Putzen ausschließlich Stress verursacht, dann ändern sie das und verbringen Sie lieber mehr Freizeit mit Ihrer Familie oder sich selbst!)

Und zu guter Letzt, um das private Zeitmanagement abzuschließen und damit bereits in der Frei-Zeit weniger Stress zu haben (super Ressource!): Beginnen Sie Ihren Tag mal zehn Minuten früher. Diese zehn Minuten werden Ihnen nicht beim Schlafen effektiv fehlen (zumindest aus physiologischer Sicht!), sie werden Ihnen aber mehr Entspannung über den Tag verteilt geben. Denn: So können Sie gemütlicher frühstücken. So können Sie Staus entspannter durchstehen. So können Sie sich noch eine Lektüre vornehmen, wenn Sie früher auf der Arbeit sind, oder einfach nochmals durchatmen, bevor der Stress des Tages losgeht. Und wenn Sie diese zehn Minuten früher noch damit kombinieren, dass Sie am Vorabend sowohl Ihr Lunchpaket als auch Ihre Kleider zurechtlegen, werden Sie sich morgens aufgeräumt und entspannt fühlen. Was für ein Start in den Tag!

## 6.1.3   Entwickeln Sie eine „Grund-Ordnungsliebe"!

Ich kann faktisch schon den genervten Blick vieler Leser sehen, wenn sie an das Wort „Ordnung" denken: Ja, klar. Wie war das mit der Ordnung und dem halben Leben?

Es tut mir leid, aber auch ich muss Sie jetzt noch ein wenig mit diesem Thema „quälen", denn es ist eines der Bausteine für ein optimiertes Zeitmanagement.

Sind Sie ein ordentlicher Mensch? Man sagt ja vor allem Studierenden nach, sie würden immer in „Rumpelbuden" hausen. Das Geschirr stapelt sich bis zur Decke und die Staubmäuse jagen sich unter den Schränken. Ich kenne tatsächlich Menschen, die es noch Jahre nach dem Ende der „Chaoszeit" nicht schaffen, ihre Wohnungen einigermaßen sauber zu halten. Vielleicht war ich auch mal so. Und warum? Weil ich einfach keine Lust hatte. Es war zwar immer sauber bei mir. Aber so richtig? Ich glaube nicht. Dann kam der Job. Dann kamen Kinder. Mit allem kam weniger Zeit. Und plötzlich habe ich mir *mehr* Zeit fürs Aufräumen gewünscht. Aber dann war es schon zu spät. Schön, wenn man sich eine Putzfrau leisten kann. Aber die letzte, die ich angefragt habe, wollte 17,50 € netto die Stunde. Und das in Brandenburg. Ich habe nie wieder eine Putzfrau gesucht. Jetzt mache ich alles irgendwie „zeitgleich". Jeden Tag nehme ich mir eine Aufgabe vor. Mindestens. Und es klappt. Manchmal sogar zeitgleich mit anderen Dingen. Und wenn es nicht klappt, weil ich einfach keine Zeit finde, dann klappt Plan B: Ich rege mich irgendwann so über den ganzen Kram auf, dass ich einmal im

Affenzahn alles sauber mache, was ich in die Finger bekomme (natürlich nach Pareto). Danach sitze ich zwar erschöpft, aber glücklicher wieder an der Arbeit.

Aber zurück zu Ihnen.

Denken Sie nur darüber nach. Am Anfang dieses Kapitels schrieb ich über die potenziellen Stunden, wenn nicht Tage, die man einsparen könnte, hätte man ein verbessertes Zeitmanagement. Hier gehe ich noch einen Schritt weiter. Wie Sie an mir sehen, kann Unordnung ziemliche Energie fressen. Am „besten" ist es, wenn Sie sich über die Unordnung ärgern, aber nichts daran ändern. Dann wird diese täglich größer und irgendwann hat sie solche Ausmaße angenommen, dass Sie schon halb im Burnout versinken, wenn Sie sich nur bewusst machen, was nun alles vor Ihnen liegt. Und dann die Krönung: Sie brauchen etwas ganz dringend! „Wo, in Gottes Namen, habe ich das nun wieder hingelegt?!" …

Also: Am besten vermeiden Sie den ganzen Ärger und das Chaos mit einem gewissen Grad (erlernter) Ordnungsliebe. Im Privaten sollten Sie sich überlegen, welche Aufgaben täglich auf Ihrer Ordnungs-Liste sein müssen, sodass Sie jederzeit Gäste empfangen könnten. Diese Liste können Sie mit dem Pareto-Prinzip verbinden. Denn nicht immer und vor allem nicht bei Zeitmangel müssen Sie z. B. überall Staub wischen, dann reicht es an exponierten Stellen. Oder alle Räume saugen und wischen. Haben Sie keine Zeit, reicht es auch mal, nur die wichtigen Räume zu saugen und einzelne Flecken mit einem Lappen aufzuwischen. Auch müssen nicht alle Räume picobello aufgeräumt sein. Wichtig sind Küche, Toilette und (bis zu einem gewissen Grad) auch das Wohnzimmer und der Eingangsbereich. Zur Not packen Sie alles auf einen Haufen auf Ihr Bett. Das hat noch einen weiteren praktischen Nutzen: Sie **müssen** aufräumen, wenn Sie schlafen gehen wollen – oder spätestens am nächsten Morgen, wenn Sie schlaftrunken über Ihren Kram fliegen.

Auch Ordnungssysteme können Ihr Leben leichter machen, ob für Schuhe, Unterwäsche, Putzzeug, Stifte oder die tägliche Post. Es gibt so viele tolle Ideen, wie man mit schönen und praktischen (teils selbst gebastelten) Ordnungssystemen der Unordnung Herr werden kann. Und glauben Sie mir, die Ordnung, die Sie halten, macht auch Ordnung in Ihrem Kopf.

### 6.1.4 Multitasking und Projektplanung

Multitasking ist ein Teil unserer modernen Welt geworden. Ob es beim Frühstück ist, wenn wir nebenbei die Zeitung lesen, das Telefonieren beim Autofahren oder das Sprechen mit dem Sitznachbarn, während man E-Mails auf dem Handy liest. Multitasking ist eine Mischung kognitiver Kontrolle und Aufmerksamkeit, wobei der Schwerpunkt auf der Ausführung mehrerer (motorischer und kognitiver) Aufgaben zeitgleich liegt (Salvucci 2013).

Multitasking fällt schwerer, wenn die gleichen Ressourcen in Wahrnehmung oder Motorik gefordert werden (z. B. „Stereohören", das Malen eines Kreises mit der linken und zeitgleich eines Vierecks mit der rechten Hand oder auch das

Eintippen einer Telefonnummer während des Fahrens). Auch fällt Multitasking schwerer, je kognitiv anspruchsvoller die Aufgaben sind. Um wieder auf das Autofahren zurückzukommen: Trotz Freisprechanlage sollten Sie wichtige Gespräche, die viel Konzentration erfordern, eher auf Ihr Büro oder auf zu Hause verschieben.

Multitasking kann zwar mit etwas Übung erlernt werden (z. B linke Hand Kreis, rechte Hand Viereck – probieren Sie es aus), hat aber dennoch seine Grenzen: Je schwieriger die Aufgabe ist, desto eher scheitert man. Versuchen Sie daher Multitasking nicht auf Teufel komm raus. Und erwarten Sie es auch nicht von sich. Produktiver arbeiten Sie, wenn Sie Ihre Aufgaben richtig und hintereinander planen, anstelle sie zeitgleich ausführen zu wollen (Buser u. Peter 2012).

Und da wären wir bei der Projektplanung.

Das SMART-System habe ich bereits mehrmals angesprochen (► z. B. Kap. 4.2.2). Da eine Projektplanung natürlich auch dazu da ist, ein gewähltes Ziel zu erreichen, können Sie hier ohne Probleme die SMARTen Ziele anwenden. Aber damit Sie auch einen anderen „Blickwinkel" erhalten, erkläre ich Ihnen eine erfolgreiche Projektplanung anhand der ► Abbildung 6-4, angelehnt an Markus Cerenak.

Wenn Sie ein Projekt planen, dann sollten Sie Ihr Ziel definieren und sich vielleicht auch überlegen, welches Motiv dahinter stecken könnte. Durch das Aufschreiben visualisieren Sie ihr Projekt, womit es eine stärkere Verbindlichkeit erhält. Bei der Strategieplanung müssen nicht nur die notwendigen Schritte aufgeschrieben werden, sondern es hilft auch, sich Gedanken darüber zu machen, welche Fähigkeiten und Ressourcen notwendig sind. Haben Sie diese zur Verfügung? Hilfreich ist auch, sich Motivationsstrategien bereitzulegen. Belohnen Sie sich also auch für erfolgreiche Zwischenschritte. Nun geht es im dritten Schritt in die Planung. Hier sind Ihre bereits erworbenen Zeitmanagement-Fähigkeiten gefragt: To-do-Liste, Priorisieren, Termine und Pausen planen sowie sich selbst eine Frist setzen. Versuchen Sie dabei, täglich einen kleinen Schritt zu gehen, als alle paar Tage einen großen von sich zu erwarten. Und nun kommen wir zum schwersten Schritt, der Ausführung: Einwandfrei geplant, aber dann kommt der Rückzieher? Der Schweinehund? „Etwas dazwischen"? So. Und nun?

Ich hoffe, an dieser Stelle können Sie sich die Antwort schon fast selbst geben. Was hemmt Sie, den ersten Schritt zu tun? Ihre Motive (► Kap. 3.2.3)? Angst? Wenn ja, wovor (► Kap. 3.3.3)? Erwartungshaltung (► Kap. 5.4.2)? Oder ist Ihr Ziel einfach nicht visuell und „reizvoll" genug? Dann ist es vielleicht einfach das falsche!

80 % der Dinge, die uns hemmen, sind zurückzuführen auf unsere Persönlichkeit oder unser Verhalten. Nur 20 % sind wirklich extern bedingt. Also suchen Sie nicht nach Gründen, an denen vermeintlich andere Schuld haben (Tracy 2006).

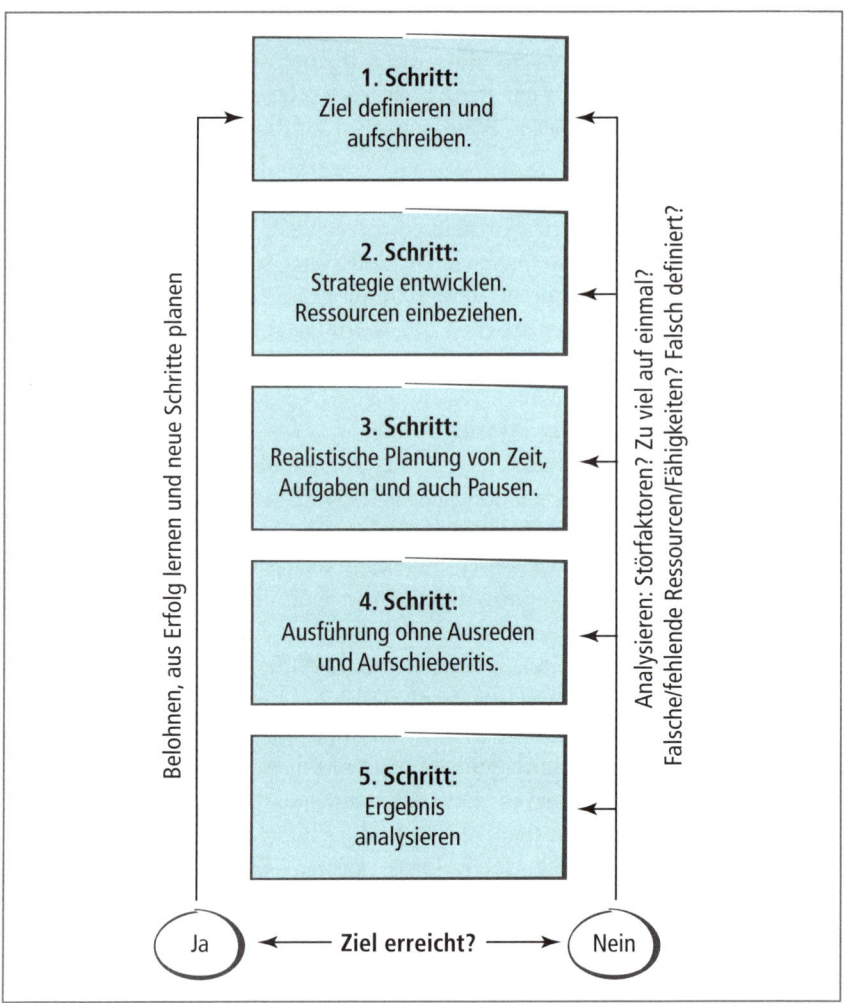

**Abb. 6-4** Ziele erreichen – Projektplanung (nach Markus Cerenak)

Nun haben Sie den Schritt also getan und haben mit Ihrem Projekt begonnen. Das ist prima! Mit etwas Disziplin und persönlichen Motivationsschüben ist es sehr wahrscheinlich, dass Sie ihr Ziel erreichen werden. Projekt abgeschlossen. Und? War es erfolgreich? War es okay, könnte aber das nächste Mal Verbesserungen gebrauchen? Analysieren Sie das Ergebnis und ziehen Sie Ihre Schlüsse für ein nächstes Mal. Denn so wird jede Projektplanung ausgefeilter und besser. Am Ende gehen Ihnen die Projekte einfach von der Hand. Und das ist ja Ihr Ziel! Denn das, was Sie anfangs an Zeit investieren, ist ein Bruchteil von dem, was Sie am Ende einsparen. Hab ich schon gesagt? Ja. Ich wiederhole mich manchmal gerne, denn wie Sie im Exkurs „Lernen und Gedächtnis" lesen konnten

(▶ Kap. 3.3.3), hilft nur eine regelmäßige Wiederholung derselben Information, damit sie im Langzeitgedächtnis gespeichert wird.

## 6.2  Zeitmanagement in Praxis und Klinik

Wenn man über Zeitmanagement in der Praxis oder Klinik spricht, muss man auch das Management insgesamt ansprechen. Denn wenn Abläufe unkoordiniert sind, kostet dies Zeit. Auch Doppelbelastungen oder die falsche Verteilung von Aufgaben wirken sich negativ auf die Zeit aus, die man gerne damit verbringen würde, effektiv zu arbeiten.

Es ist somit unabdingbar, im Team eine klare Aufgabenverteilung zu haben, damit es nicht zu doppeltem Aufwand oder Leerlauf kommt. In diesem Zusammenhang kommen in einem ersten Schritt die SMARTen Ziele (▶ Abb. 4-4) wieder zum Einsatz, denn mit dieser Methode weiß jeder, was er zu tun und zu lassen hat. Auch die im vorherigen Abschnitt angesprochene Projektplanung kann Grundlage Ihrer Zieldefinitionen sein. Je nachdem was Ihnen besser liegt bzw. was in der jeweiligen Situation besser passt.

Um Ziele jedoch umsetzbar zu machen, bedarf es einer grundlegenden Voraussetzung vor allem für Chefs: Sie müssen delegieren können oder lernen, es zu können! Natürlich sollen Sie nicht wahllos delegieren. Das wäre fatal. Ein korrektes Delegieren ist verbunden mit einem Aufgaben- und Situationscheck. Komplexe Aufgaben können Sie an erfahrene Mitarbeiter übergeben und sich damit entlasten.

Wenn Ihnen das Delegieren schwerfällt, dann versuchen Sie zu ergründen, warum:

- Scheuen Sie sich davor, weil Sie erwarten, eine Abfuhr zu bekommen? Wenn ja, was ist daran so schlimm? Es ist doch gut, wenn Ihre Mitarbeiter früh ihre Grenzen mitteilen. So kommt es nicht zu Überforderung oder der schlechten Ausführung von delegierten Aufgaben.
- Haben Sie Sorge, dass es ohne Sie nicht funktioniert? Diese Einstellung ist ein großer Energiefresser, denn Sie erwarten von sich selbst, unentbehrlich zu sein. Versuchen Sie diese Einstellung zu überdenken, geben Sie Ihren Mitarbeitern die Chance, vorerst im Kleinen zu zeigen, dass Aufgaben auch ohne Ihre Mitwirkung gut erledigt werden können. Und wenn es im Kleinen klappt, dann wagen sie sich sicherlich auch bald an größere Aufgaben heran. So gewinnen Sie ein Stück Freiheit und Gelassenheit zurück. Also auch eine gute Strategie gegen Stress!
- Sie haben keine Lust, alles zu erklären? Vielleicht sehen Sie es mal so: Das einmalige, vielleicht auch mehrmalige Erklären mag aktuell seine Zeit in Anspruch nehmen. Aber zukünftig spart es Ihnen dafür Zeit und schenkt Ihnen mehr Freiraum, sich anderen, vielleicht wichtigeren Dingen zu widmen.

Anders sollte es bei unerfahrenen Kollegen laufen. Hier tun Sie gut daran, diese einzuarbeiten (oder von einer erfahrenen[!] Person einarbeiten zu lassen) sowie ihnen Ziele, Abläufe und Strukturen zu erklären. In manchen Situationen muss vielleicht auch mal eine klare Ansage her, aber bleiben Sie in dieser Sache immer berechenbar. So lernen Ihre Mitarbeiter, in welchen Situationen einfach nicht diskutiert werden kann (Gündel et al. 2014).

Im Übrigen ist die Einarbeitung von neuen Teammitgliedern langfristig gesehen ein „Zeitsparmodell". Denn die Zeit, die Sie anfänglich in vor allem Berufsanfänger investieren, sparen Sie als mögliche „Fehler- und Diskussionszeit" am Ende; abgesehen davon, dass nach guter Einarbeitung auch die Geschwindigkeit, in welcher eine Behandlung durchgeführt wird, zunimmt.

 Wer seinen Mitarbeitern etwas zutraut, motiviert diese auch, Aufgaben gewissenhaft durchzuführen.

Des Weiteren sollten Aufgabenbereiche und Ansprechpartner klar definiert sein. Hilfreich für ein gutes Management ist z. B. ein Praxishandbuch, welches vielleicht sogar online abrufbar ist. In diesem können Arbeitsabläufe sowie Ansprechpartner für spezielle Aufgabenbereiche, Dienstpläne, Checklisten etc. festgehalten werden. So können „allgemeine" Aufgaben, wie die Vorbereitung der Praxis vor Beginn der Sprechstunde, die Bearbeitung von Post, der Telefondienst oder die Medikamentenbestellung, gleich von vornherein effektiv und auf den „richtigen Schultern" verteilt werden.

Wer davon nicht viel hält, könnte sich z. B. alternativ ein großes Whiteboard anschaffen. Hier halten Sie Wochenpläne und Aufgabenbereiche fest. Die Infos sind für jeden zugänglich und sollten auch dementsprechend sichtbar platziert sein: dass jeder Mitarbeiter mindestens einmal täglich daran vorbeikommt.

Damit der Tagesablauf möglichst flüssig vonstattengeht, sollten darüber hinaus ein paar Punkte von jedem Mitarbeiter beachtet werden:

- Wer in einer Behandlung beschäftigt ist, wird nicht gestört (außer natürlich bei einem Notfall). Dies gilt auch für Kollegen sowie Tiermedizinische Fachangestellte, die Teilaufgaben im Büro zu erledigen haben. Wie schon beschrieben, führen Unterbrechungen zu Zeitverlust, daher blockieren Sie für sich mindestens eine Stunde vollkommene Ruhe, um Ihre Aufgaben auch im Büro effektiv erledigen zu können. Nach einer Stunde melden Sie sich wieder bei den „Lebenden", können abfragen, ob Ihre Hilfe akut benötigt wird, und sich ansonsten an den nächsten ungestörten „Zeitblock" setzen.
- Telefonische Beratungen oder das Zurückrufen von Kunden sind während der Sprechzeiten tabu. Richten Sie hier eine gesonderte Zeit ein (z. B. eine Stunde nach Sprechstunden-Schluss). So können Tiermedizinische Fachangestellte die Tierbesitzer zuverlässig vertrösten. Allerdings sollten diese Telefonate auch eingehalten werden. Und auch hier: Priorisieren Sie! Manche Praxen und Kliniken haben automatische Rückruf-Optionen eingetragen,

um z. B. die Antibiotika-Therapie von Kunden zu überwachen (Hallo, wie klappt die Tablettengabe bei Maunzi?). Wenn Ihre Rückruf-Liste brechend voll ist, dann rufen Sie zuerst die Kunden an, die tatsächlich auf Ihren Rückruf warten.

- Empfangen Sie Pharma-Referenten zu einer festen und planbaren Zeit. Dies gilt auch für Bewerber oder Praktikanten. Bereiten Sie diese Gespräche (kurz) vor (und wenn Sie sich nur fünf Minuten auf den bevorstehenden Termin einstellen, ist das besser als nichts), dann kann man möglicherweise schneller auf den „Punkt" kommen. Außerdem geht man im Anschluss mit einem besseren Gefühl aus dem Gespräch heraus und kann sich mental schneller wieder dem „Alltagsgeschäft" zuwenden.

Ansonsten können Sie das Zeitmanagement, welches im persönlichen Bereich zur Anwendung kommt, durchaus auch auf die Praxis oder Klinik übertragen:

- **Zeitmanagement-Protokoll zur Erkennung von Zeitfressern in der Tierarztpraxis:** Manche Zeitfresser (wie plapperfreudige Patientenbesitzer) kann man nicht ändern, aber andere (z. B. das ständige Stören durch Mitarbeiter, die etwas wollen) durchaus. In diesem Falle gibt es allerdings noch einen weiteren Schritt nach der Auswertung. Fragen Sie sich: Was sind tatsächlich meine Aufgabenbereiche? Was kann ich delegieren? Was muss ich selbst erledigen? Muss ich vielleicht die Zeiten für bestimmte Aufgabenbereiche ändern, um effektiver arbeiten zu können? Und (vor allem bei Unterbrechungen): Liegt hier das Problem bei den anderen oder etwa bei mir, weil ich mich z. B. unentbehrlich fühle und daher stets und ständig in „Habachtstellung" bin?
- **To-do-Liste:** Eine große Tafel zentral aufgehängt in der Praxis oder Klinik hilft, die Übersicht über anstehende Aufgaben zu behalten (das Whiteboard wurde ja bereits angesprochen). Wenn man zudem noch mit Namensschildern arbeitet, die den Aufgaben zugeordnet werden, weiß jeder, wer was zu tun hat und wer wofür Ansprechpartner ist.
- **Pareto-Prinzip:** Gemeinsames Erörtern, bei welchen Aufgaben das Pareto-Prinzip angewendet werden kann. Wo ist absoluter Perfektionismus erforderlich? Wo oder wann nicht?

## 6.2.1 Patientenbesitzer als „Taktgeber"

Die tiermedizinische Dienstleistung muss, oder sollte, an die Bedürfnisse der Patientenbesitzer angepasst werden. Viele Patientenbesitzer, vor allem von Kleintieren und Pferden, sind berufstätig und können daher meist nur in den (späten) Abendstunden oder relativ früh mit ihren Tieren zum Tierarzt gehen bzw. diesen rufen. Andere sind flexibel und stören sich nicht an den drei bis vier Stunden, die die Tierarztpraxis täglich Sprechstunde hat. In der Nutztierpraxis hingegen sind die Arbeitszeiten entweder sehr früh in den Morgenstunden oder tatsächlich recht gleichmäßig über den Tag verteilt. Es wäre also irrsinnig, über allgemeine Arbeitszeiten zu sprechen, wenn diese von Praxis zu Klinik unterschiedlich sind.

Um aber zu erkennen, wann man wie viel Zeit in der Praxis oder Klinik benötigt, um den Andrang an Patienten bewältigen zu können oder im Gegensatz dazu nicht im Leerlauf zu versinken, ist es sinnvoll, die Patientendichte über die Zeit zu tracken. So können Sie nicht nur feststellen, wann Sie wieviel Mitarbeiter benötigen, sondern auch, wann z. B. Pausen oder Schließzeiten sinnvoll sind. Oder wäre vielleicht eine telefonische (vergütete) Sprechstunde möglich?

Vom Prinzip her benötigt man an der Basis zur Lösung des Problems eine gute und strukturierte Beobachtungsgabe und eine konsequente Vorausplanung. Zur Beschreibung möchte ich gerne das Beispiel einer Freundin verwenden, die in der Hotelbranche arbeitet. Diese Branche ist stark saisonabhängig. Wenn man eine Pension oder ein Hotel eröffnen möchte, dann bestehen die ersten Jahre immer in einer Beobachtung: Zu welcher Zeit habe ich die meisten Gäste? Wenn man dann feststellt und festhält, wann Hoch-Zeiten und wann kaum Gäste im Hause sind, kann man nicht nur seine Arbeitszeiten, sondern auch Umbaumaßnahmen, Anzahl der Mitarbeiter oder seine Urlaubszeiten anpassen.

Übertragen auf die tiermedizinische Praxis bedeutet dies das Folgende:

- Gibt es über das Jahr verteilt Zeiten, in denen ich mehr Kunden bedienen muss als sonst?
- Gibt es über die Woche oder sogar über den Tag verteilt Zeiten, in denen mehr Patientenbesitzer in meinem Wartezimmer sitzen oder anrufen?

Diese „Saisonabhängigkeit" ist natürlich durchaus auch in der Tiermedizin bekannt. Ob wir von der Fohlensaison sprechen oder von den „Schokoladenfällen" zu Weihnachten. Aber auch unabhängig von bereits bekannten Hoch-Zeiten sollten Sie sich Notizen über potenzielle Stoßzeiten machen, um nicht nur von Flauten „überrascht" zu werden, sondern diese auch sinnvoll nutzen zu können. Ob es die Reduktion der anwesenden Tierärzte oder der Tiermedizinischen Fachangestellten im Haus ist, die verkürzten Sprechstundenzeiten, eine „Überbrückung" mit anderen planbaren Aufgaben wie Kastrationen oder Impf-Aktionen oder ggf. auch das Einrichten eines „Bürotages".

Auch die Urlaubsplanung könnte in solch eine „Flaute" integriert werden, sofern diese tatsächlich über mehrere Wochen sichtbar ist. Im Gegensatz dazu sollten Sie zu „Stoßzeiten" natürlich alles hochfahren, was Sie zur Verfügung haben (aber Pausen nicht vergessen!).

Das Prinzip, wie Sie die Patienten über einen Zeitraum tracken, können Sie auch auf das Telefon übertragen. Das ist mit einer Strichliste denkbar einfach: Excel-Tabelle anlegen, eine Spalte mit den Uhrzeiten (10.00 Uhr, 11.00 Uhr usw.), eine Spalte für die Striche: ein Strich pro Anruf. Diesen Zettel bekommt jeder, der ans Telefon geht. Und am Ende der Woche oder des Tages wird ausgewertet.

Hier können Sie ggf. tatsächlich feststellen, dass es zu gewissen Zeiten sinnvoll wäre, eine telefonische Sprechstunde einzurichten oder gar jemandem nur den Telefondienst machen zu lassen, denn es ist wirklich ein No-Go, ohne das Einverständnis einen Anrufer in die Warteschleife zu packen und ihn da dann womöglich noch über Minuten hängen zu lassen.

---

### Fallbeispiel

#### Telefonische Sprechstunde

Dies ist ein immer wieder aufkommendes Problem in Praxen. Folgendermaßen laufen die Telefonate ab:

Klinik: „Guten Tag, Tierklinik Mauser, Sie sprechen mit Anne. Wie kann ich helfen?"

Anruferin: „Guten Tag, hier ist Frau Heiser, ich wollte mich gerne nach meiner Katze Minka erkundigen, die ist gestern bei Ihnen aufgenommen worden."

TFA Anne: „Ja, einen kleinen Moment bitte!". – Düdeldidüdeldidüdel …

Frau Heiser wartet und wartet und wartet. Dann hat sie keine Lust mehr und legt auf. Oder:

Klinik: „Guten Tag, Tierklinik Mauser, Sie sprechen mit Anne. Einen Moment bitte." – Düdeldidüdeldidüdel …

Wer auch immer angerufen hat, wartet entweder geduldig oder legt entnervt wieder auf. Es gibt sicherlich noch viele andere Beispiele. Abgesehen davon, dass dies nicht professionell ist, ist auch das Telefon ein Zeitmanagement-Problem (Stichwort Telefontraining: Warum? Weil das Telefon das Mittel ist, um die Kundenzufriedenheit zu steigern).

---

**!** Das Telefon ist für eine Praxis oder eine Klinik sowohl Aushängeschild als auch Werkzeug für die erfolgreiche Neukundenakquise bzw. gute Kundenbetreuung. Vernachlässigen Sie die Kunst des professionellen Telefonierens somit nicht!

Neben den Zeiten, in die man das Telefonieren erfolgreich integrieren muss, spielt noch die Terminplanung eine wichtige Rolle: Wann werden Termine vergeben? Favorisieren Sie eine freie Sprechstunde oder eine Terminsprechstunde? Was ist tatsächlich umsetzbar und sinnvoll? Gibt es auch „Akutsprechstunden"?

Patienteninformationsblätter im Wartebereich mit Informationen zu Ihren Sprech- und Notdienstzeiten sind schnell gemacht und ermöglichen ein „Schulen" Ihrer Kundschaft. Diese kann man natürlich auch auf der Praxis-/ Klinikhomepage zur Verfügung stellen. Um Ihre Patientenbesitzer des Weiteren an Ihrem Praxismanagement aktiv teilhaben zu lassen, können Sie z.B. eine Infotafel mit folgendem Text aufhängen: „Wie können Sie die Wartezeit aktiv mitgestalten?" Hier beschreiben Sie, was Patientenbesitzer dazu beitragen können, die Wartezeiten kurz zu halten (z.B. Termine absagen!).

Auch das Team kann Wartezeiten und damit die Kundenzufriedenheit aktiv beeinflussen: Eine Tabelle mit der Dauer verschiedener Behandlungen, (zugeordnet zu Ärzten (denn Anfänger benötigen z. B. länger als Berufserfahrene), ermöglicht eine bessere Planung von Terminen und notwendiger Puffer.

Und zu guter Letzt noch ein weiterer wichtiger Punkt im Umgang mit Patientenbesitzern: Es gibt sie immer, die Kunden, denen noch 100 Dinge zusätzlich einfallen, die sie ja noch fragen wollten. „Jetzt, da Sie gerade da sind …". Lassen Sie sich nicht beirren. Wenn Sie auf jeden Wunsch Ihrer Kunden eingehen, dann werden Sie wieder in Zeitnot geraten und können Termine nicht einhalten. Weisen Sie den Kunden höflich darauf hin, dass leider der nächste Patient schon wartet, dass Sie aber gerne einen gesonderten Gesprächstermin vereinbaren, in welchem Sie selbstverständlich alle Fragen beantworten. Auch wenn ich nicht zu sehr auf das Thema Kommunikation eingehen möchte, so möchte ich Ihnen hier doch noch das richtige „Neinsagen" ans Herz legen:

- leider – weil – aber = nein

**Beispiel:** „Leider kann ich Ihre Fragen jetzt nicht alle beantworten, weil der nächste Patientenbesitzer schon vor der Tür steht und wartet. Aber ich biete Ihnen gerne einen gesonderten Termin an."

**!** Terminpatienten sollten nicht länger als zehn Minuten warten müssen. Überschreiten Sie häufiger diese Zeit, kontrollieren Sie Ihr Termin- und Zeitmanagement. Außerdem: Terminpatienten gehen stets vor Akutpatienten (Notfälle natürlich ausgeschlossen).

Die Optimierung des Zeitmanagements in Bezug auf Patientenbesitzer ist ein sehr individuelles Thema und bedarf daher auch individueller Lösungen. Es würde ein Buch füllen, um all die Möglichkeiten und Wege aufzuschreiben, die bestehen, um schwankenden Patientenzahlen oder „Telefonterror" erfolgreich entgegentreten zu können. Vielleicht haben Sie aber hier einen ersten Ideen-Input bekommen, wie sie mit verschiedenen Situationen umgehen können. Das A und O ist eine gute Beobachtung seines Geschäfts, kombiniert mit einer sinnvollen Planung und deren Umsetzung. Hilfe kann man sich dabei durchaus auch extern holen. Inzwischen gibt es auch im tiermedizinischen Markt einige sehr versierte Kollegen, die sich sehr gut mit Praxismanagement auskennen und Sie dabei unterstützen können, Ihre Zeiten und Zahlen geradezuziehen, sodass diese als Stressfaktor wegfallen.

## 6.2.2 Arbeitszeiten und Schichten

Das Thema Arbeitszeit wird aktuell sehr stark zwischen Arbeitnehmer und Arbeitgeber diskutiert. Es wird das Arbeitszeitgesetz zitiert, es kommen Dinge zur Sprache wie die zusätzliche Vergütung von Überstunden, Bereitschafts-, Nacht- und Notdiensten. Der heutige Arbeitgeber kann sich diesem Thema nicht mehr entziehen, denn das Bewusstsein für die eigene, in den Job investierte Zeit ist größer als je zuvor. Nicht von ungefähr werden Begriffe wie „Work-Life-Balance" populär. Und ohne dieses Bewusstsein wäre dieses Buch sicherlich auch eine Verschwendung von Papier, Gehirnschmalz und Zeit. Arbeitgeber müssen sich also intensiver mit Führung und Personalmanagement auseinandersetzen. Denn wenn sich ein Arbeitnehmer über gehäufte zusätzliche Dienste beklagt, dann muss der Arbeitgeber dies in jedem Falle ernst nehmen. Besser wäre es natürlich, von vornherein einen Blick darauf zu haben, dass anfallende Dienste einigermaßen gerecht verteilt werden und nicht nur, wie teilweise noch üblich, auf den Schultern der Anfangsassistenten lasten. Es ist aber auch immer eine wirtschaftliche Frage, ob an Wochenenden ein Zwei- oder ein Dreischichtsystem zur Anwendung kommt bzw. kommen kann.

Lösungen sind daher nicht immer einfach. Je größer die Praxis oder Klinik, desto komplizierter werden die Dienstpläne. Manche arbeiten in Vollzeit, manche in Teilzeit, manche müssen ihre Kinder an bestimmten Tagen aus der Schule oder Kita holen, manche haben andere Verpflichtungen, die obligat sind. Dann wird bemängelt, dass es zu viele Nachtdienste gibt, dass Wünsche nicht berücksichtigt werden oder Freizeit nicht ausgeglichen wird. Bei manchen ist zudem der Tausch von Diensten nicht möglich.

Es gilt also, sich auch auf diese (ebenso praxis-/klinikspezifische) Herausforderung einzustellen, indem man sich mit Gesetzen vertraut macht und kontrolliert, an welchen Punkten es Schwierigkeiten gibt oder geben könnte. Man sollte sich mit modernen Methoden zur Arbeitszeiterfassung auseinandersetzen und vielleicht auch gemeinsam im Team an der Optimierung von Dienstzeiten arbeiten. Denn bei der Integration des Teams werden viele Kollegen, die vielleicht vorher ständig gemeckert haben, feststellen, dass ein Dienstplan gar nicht so einfach zu schreiben ist.

Manche Tierkliniken und Praxen arbeiten inzwischen mit automatischer Arbeitszeiterfassung, ob als Stechuhr innerhalb der Praxis oder über das praxisinterne Smartphone.

## Fallbeispiel

Der Inhaber einer großen Gemischtpraxis verwendet eine App zur Zeiterfassung auf dem Smartphone als „mobile Stechuhr". Alle geleisteten Arbeitszeiten werden unter Berücksichtigung von Zuschlägen für jeden Mitarbeiter auf einem Arbeitszeitkonto gebucht. Dort werden sie monatlich mit den für den jeweiligen Mitarbeiter festgelegten Soll-Arbeitszeiten bilanziert. Überstunden können dann durch Freizeitausgleich oder Auszahlung abgebaut werden.

Um vor allem längere und angepasste Öffnungszeiten zu gewährleisten, bedarf es der Umsetzung eines Schichtsystems, was in der Tiermedizin größtenteils gängige Praxis ist. Im Schichtsystem wechseln sich die Tierärzte bzw. die

Tiermedizinischen Fachangestellten ab, damit der Arbeitsplatz, wenn nötig, sogar rund um die Uhr besetzt ist. Dabei kommt entweder ein Zwei- oder ein Dreischichtsystem zum Einsatz, je nachdem, ob die Nacht mit abgedeckt werden muss oder nicht.

Das allgemeine Problem bei der Schichtarbeit ist (und dies auch außerhalb der Tiermedizin), dass es vor allem bei unregelmäßiger Übernahme von Schichten und bei Nachtarbeit zu Störungen des zirkadianen Rhythmus kommt (Angerer et al. 2010). Auch wenn die 24-Stunden-Öffnungszeiten wirtschaftliche Pluspunkte mit sich bringen können (wenn man anständig abrechnet), führt dies unter anderem zu erhöhter Müdigkeit bei den betroffenen Tierärzten (und Tiermedizinischen Fachangestellten) mit verminderter Leistungsfähigkeit während der Arbeit. Das wiederum führt zu Unfällen und fachlichen Fehlern, was nicht nur persönliche Auswirkungen für die Betroffenen nach sich ziehen kann, sondern auch für betroffene Dritte oder die verantwortliche Praxis bzw. Klinik.

Natürlich spielt auch die Länge der Schicht eine Rolle: Je kürzer die Schicht, desto besser ist diese kompensierbar (vgl. Exkurs S. 98). Schichten zwischen zwölf und 24 Stunden führen nachweislich zu einer Beeinträchtigung von Reaktionsfähigkeit, Aufmerksamkeit, Konzentration und Belastbarkeit und damit zu erhöhter Unfallgefahr – auch im Anschluss auf dem Nachhauseweg.

## Exkurs

### Schlaf-Wach-Rhythmen und Schichtarbeit

Der zirkadiane Rhythmus des Menschen hat eine Periodizität von annähernd 24 Stunden (genaugenommen 25 Stunden). Die endogene Rhythmik unseres Körpers beeinflusst nicht nur den Schlaf-Wach-Rhythmus, sondern auch viele andere biologische und psychische Faktoren, ob Kerntemperatur oder Hormonspiegel. Der Sitz unserer „inneren Uhr" ist dabei der Nucleus suprachiasmaticus, welcher im Hypothalamus liegt (suprachiasmatic nucleus = SCN). Die Aktivität des SCN ist angepasst an mehrere äußere Einflüsse, allen voran jedoch der Hell-Dunkel-Wechsel, aber auch Mahlzeiten, Bewegung und soziale Interaktionen. Der SCN steht in Verbindung mit der Epiphyse, welche mittels Melatoninausschüttung endokrine Aktivitäten steuert, darin eingeschlossen Schlaf, Wachstum und sexuelle Aktivität. Zudem stabilisiert Melatonin das Immunsystem und wirkt stressreduzierend (Pritzel et al. 2009).

Bei Nachtschichtarbeit entspricht der größte exogene „Taktgeber", nämlich die Hell-Dunkel-Phasen eines jeden Tages, nicht mehr den natürlichen Gegebenheiten. Auch Wechselschichten und sehr frühe Frühschichten sind von dem Problem der „falschen" Tageszeit betroffen. Zu unnatürlichen Tageszeiten werden Aktivität und Wachheit gefordert, die der „inneren Uhr" nicht entsprechen. Zusätzlich erfordern vor allem Nachtschichten eine eigentlich unnatürliche Ruhephase, während „draußen das Leben pulsiert". Praktisch wäre, wenn man den zirkadianen Rhythmus einfach umdrehen könnte, nämlich dass man tagsüber schläft und nachts wach ist. Dies funktioniert allerdings nicht, auch nicht nach mehreren Jahren „Übung". Die Folgen sind

nach wie vor Schläfrigkeit, daraus folgend Unkonzentriertheit während der Wachpha-
sen sowie (Ein-)Schlafprobleme während der eigentlich physiologischen Ruhephasen
(„Schichtarbeitersyndrom") (Angerer et al. 2010).

Das Schichtarbeitersyndrom wurde in den letzten Jahrzehnten durch die vermehrte
Einführung von 24-Stunden-Systemen intensiv untersucht. Damit verbunden versucht
man verschiedene Lösungsansätze, wie man betroffenen Menschen eine Erleichterung
verschaffen kann. In diesen Untersuchungen und Studien wurde festgestellt, dass die
Qualität des Lichts und dessen Helligkeit, gepaart mit einer kompletten Dunkelphase
während der Pausenzeiten, zu einer verbesserten Anpassung an Nachtschichten mit
weniger Müdigkeit führen können.

Postnova et al. (2013) konnten feststellen, dass Schläfrigkeit und verminderte Leistungsfähigkeit bei 150 Lux im Gegensatz zu 1200 Lux verstärkt auftreten. Boivin und James
(2002) arbeiteten im Gegensatz dazu in ihrer Studie mit ca. 3200 Lux, um negative
Auswirkungen der Nachtschicht zu reduzieren. Eine optimale Lichtanpassung erlaubt
damit eine erste Adaptation an zirkadian unnatürliche Schichtarbeitszeiten.

Wer im Anschluss an die Arbeitszeit nach Hause fährt (vor allem in den Sommermona-
ten), sollte für einen reduzierten Lichteinfall sorgen. Zur Not also auch mit Sonnenbrille
(Boivin u. James 2002). Zudem sollte der Heimweg möglichst kurz ausfallen, um einen
schnellen Übergang zum Schlaf zu ermöglichen, ohne vom „Treiben des Alltags" wieder
herausgerissen zu werden.

Ein weiterer wichtiger Punkt, vor allem für diejenigen, die die Dienstpläne schreiben, ist
der Beginn der Arbeitszeit. Denn auch diese beeinflusst die Adaptation. Eine Nachtschicht, die um 21.00 Uhr beginnt, wird sehr viel besser verkraftet, als wenn man erst
um Mitternacht (24.00 Uhr) startet. Ein Arbeitsbeginn zwischen 1.00 und 3.00 Uhr führt
sogar zu messbar erhöhter Schläfrigkeit.

Die Deutsche Gesetzliche Unfallversicherung brachte in ihrem DGUV-Report 1/2012 eine
umfangreiche Broschüre über Schichtarbeit heraus. Hier wird unter anderem ausdrück-
lich darauf hingewiesen, Nacht- und Schichtarbeiten so zu gestalten, dass der Umfang
und damit die negativen Auswirkungen für betroffene Arbeitnehmer möglichst begrenzt
werden können. Dazu gehören z. B.:

- wenige hintereinanderliegende Nachtschichten (maximal drei) mit einem frühen Ende
  der Nachtschicht (Anmerkung: eine Verschiebung der Melatoninrhythmik stellt sich
  nach drei Tagen ein; eine zweitägige Nachtschicht bedingt noch keine Rhythmusum-
  stellung)
- Dauernachtschichten vermeiden
- Übertragung dieses Prinzips auf Früh- und Spätschichten (maximal drei), dabei die
  Frühschichten nicht zu früh und die Spätschichten nicht zu spät
- bei Schichtwechsel den „Vorwärtswechsel" bevorzugen, d. h. Früh-, Spät-, dann
  Nachtschicht
- mindestens zwei freie Tage nach der letzten Nachtschicht
- nach Möglichkeit nicht länger als acht Stunden am Stück; längere Arbeitszeiten sind
  nur akzeptabel mit entsprechenden Pausen

Jeder Arbeitgeber sollte das Schaffen von Kompensationsmöglichkeiten für Arbeitnehmer als eine Verpflichtung ansehen, wenn diese von Schichtarbeit, welche den zirkadia-

nen Rhythmus beeinträchtigt, betroffen sind. Denn Schichtarbeit führt nicht nur zu Schlafstörungen (Dauer und Qualität) und einer erhöhten Unfallgefahr, sondern geht auch mit einer Zunahme diverser Erkrankungen, wie z. B. Depression, Angsterkrankungen, gastrointestinale Störungen bis hin zu Ulzera und kardiovaskuläre Erkrankungen (Arteriosklerose und koronare Herzkrankheit), einher. Außerdem geht mit Verlust des Tiefschlafs, der durch Schichtarbeit auf Dauer gestört wird, eine Schwächung des Immunsystems einher (Reduktion der Ausschüttung des Growth Hormon (GH), welches u. a. immunstimulierend wirkt).

Wer somit nicht nur den empfundenen Stress, sondern auch die Gesundheit seiner Mitarbeiter verbessern möchte, sollte die oben genannten Punkte durchsetzen.

## 6.2.3   Pausen

Diese Einstellung gilt auch für Pausen: Warum soll ich eine Pause machen? Ich hab zu viel zu tun! Dabei sind Pausen, wie Sie im Kapitel „Stressmanagement" (▶ Kap. 5) bereits lesen konnten, eine wichtige Ressource. Ohne Pausen sinken Leistungsfähigkeit und Motivation. Und für Arbeitgeber ein weiterer positiver Aspekt an Pausen (außer besser gelaunte Arbeitnehmer): Effektive Pausen steigern auch die Arbeitsfähigkeit, sodass man Pausen häufig recht schnell wieder „reinarbeiten" kann.

Versuchen Sie also, bei der Gestaltung des Tagesplans aktiv Pausen einzutragen. Zehn Minuten reichen, für die Mittagspause 30 Minuten. Wenn Sie Ihre Hoch-Zeiten in der Praxis kennen, dann können Sie die Pausen dementsprechend verteilen. Am besten zehn Minuten davor, um „Kräfte" zu sammeln, und zehn Minuten danach, um wieder „herunterzukommen".

Sprechen Sie als Chef auch mit Ihren Mitarbeitern darüber, wie die Pausen in den Dienstplan eingetragen werden können. Geben Sie allen mindestens vier Wochen Zeit, sich an die neuen Pausenzeiten zu gewöhnen, und sprechen Sie nach dieser Zeit das Pausenmanagement erneut im Team durch: Beibehalten? Verbessern? Ändern? So können Sie nach und nach das für Sie beste System herausfinden und umsetzen.

Damit Pausen nicht im Tagesgeschäft untergehen, sollten Sie auch hier auf den „Behandlungszeitenzettel" (▶ Kap. 6.2.1) zurückgreifen: Wer benötigt für welche Behandlung wie lange? Denn es bringt nichts, wenn man z. B. einem Anfangsassistenten nach sechs Terminen bei einer vorgegebenen Behandlungszeit von 15 Minuten (= Profizeit) eine Pause von zehn Minuten einräumt, derjenige aber knapp doppelt so lange braucht und mit der Arbeit überhaupt nicht hinterher kommt. Geschweige denn in die Pause.

Alles in allem sollte es mit ein wenig Strategie klappen, seine zehn Minuten Pause auch wirklich zu bekommen. Und man sollte es so auch schaffen, in den Pausen zu essen und zu trinken. Aber bitte nicht Schokoriegel und Cola.

## Exkurs

### Sinnvolle Ernährung in Pausen

Es ist überall zu beobachten und in aller Munde: Kreta-Diät, Paleo-Diät, glutenfreie Ernährung und Vieles mehr. Dass die Ernährung Einfluss auf unseren Körper hat, das erzählen uns inzwischen auch die Dermatologen und Allergologen. Wie war das? Zu viel Milchkonsum erhöht Allergien und Akne auch im Erwachsenenalter. Zu viel Weizen führt zu Zöliakie. Und eigentlich sollten wir uns eh nur von Nüssen, Gemüse, Fleisch und Fisch ernähren. Puh. Anstrengend. Aber interessant.

Um diese ganzen Erkenntnisse etwas abzukürzen, hier eine kleine Zusammenfassung meiner Tipps zur Ernährung während der Arbeitszeit. Warum? Weil man schon im Physiologie-Grundkurs lernt, dass ein voller Bauch zu Unkonzentriertheit führt. Daher ist auch das Essen beim Autofahren eigentlich zu vermeiden. Aber das nur nebenbei. Während man also versucht, möglichst stressfrei und leistungsfähig über den Tag zu kommen, kann uns die Ernährung bei diesem Vorhaben tatsächlich unterstützen. Dabei sollten Nahrungsmittel zum Zug kommen, die vornehmlich die Vitamine A, B, C und E enthalten sowie Folsäure, Magnesium und Selen. Da wären wir bei: Bananen, Kichererbsen, Quinoa, Linsen, Süßkartoffeln, Eiern, Avocado. Generell Früchte und Gemüsesorten mit orangen und gelben Pigmenten wie Papaya, Paprika, Karotten. Kräuter wie Basilikum und Rucola, Samen wie Sonnenblumenkerne. Nüsse wie Cashewnüsse und Mandeln sowie für den Selenmangel die Paranuss, aber auch Knoblauch, Fleisch und Fisch.

Wie überträgt man das nun auf seine (10-Minuten-)Pausen? Wie wäre es mit geschnippeltem Gemüse? Bananen? Auch eine Avocado mit etwas Zitronensaft, Salz und Pfeffer geht schnell und ist lecker. Oder ein Smoothie, der abends schnell gemacht ist und drei Tage im Kühlschrank hält. Oder „Powerballs" mit Feigen und Datteln, in portionsgerechten Größen kann man sie essen wie Pralinen.

Die Ernährung macht wirklich einen großen Unterschied in der Leistungsfähigkeit. Seien Sie hier offen für Neues und probieren Sie es aus. Das Internet ist voll von Rezeptideen. Und wenn wir schon beim Essen sind: Planen Sie möglichst über mehrere Tage Ihr Essen. Denn auch wenn man jeden Tag 20–30 Minuten im Supermarkt verschwindet, um „mal fix noch was einzukaufen", sind das am Ende der Woche immerhin mindestens drei Stunden, von denen Sie zwei locker in andere Dinge hätten stecken können …

## 6.2.4   Ordnung und Arbeitsabläufe

In einer Praxis oder Klinik muss man natürlich einen sehr viel höheren Standard wahren als in den eigenen vier Wänden. Und das sollte man auch.

### Fallbeispiel

Ich war sehr erschrocken, als mir ein Bekannter ziemlich amüsiert erzählte, dass er in einer Tierarztpraxis ein Bonbonpapier unter einen Stuhl gelegt hatte. Zwei Wochen später lag das Papier noch immer an der gleichen Stelle!

Dennoch: Planen Sie gemeinsam im Team, was wirklich notwendig ist und was die „Extras" sind, mit denen man „Löcher" im Arbeitsablauf ggf. füllen kann (wenn nicht durch eine erholsame Pause …).

Außerdem sollten Sie Arbeitsabläufe konkret definieren. Es bringt z. B. nichts, wenn ein Kollege die Medikamente nicht mehr dorthin räumt, wo sie der nächste Kollege finden kann. Oder banale Sachen wie Stifte, Scheren oder Thermometer. Wenn man diese nicht „am Mann" hat, sollte man wenigstens „Stationen" einrichten, wo diese alltäglichen Utensilien zu finden sind.

Und dann heißen Arbeitsabläufe z. B.: „Nach der Injektion sind die Kanülen in den dafür vorgesehenen Behälter zu entsorgen und die Medikamente wieder sortiert in den Schrank zu räumen. Nach der Behandlung ist der Tisch zu desinfizieren und mögliche Blutspritzer sind vom Boden zu wischen."

Sie werden jetzt vielleicht lachen, denn ja, auch für mich erscheint dies eine Selbstverständlichkeit. Aber wie häufig haben Sie es erlebt, dass sich jemand nicht daran gehalten hat? Und dann kam es zu Gesprächen, Diskussionen, Konflikten, Beleidigtsein etc. Was für eine Zeit- und Energieverschwendung! Also lieber gleich solche banalen Dinge einmal für alle klarmachen. Weniger Aufwand, am Ende mehr Zeit.

## Tipp

### Liste der banalen Dinge

Eine „Liste der banalen Dinge" könnte z. B. so aussehen:

- Alles, was weniger als 60 Sekunden dauert, wird **sofort** erledigt.
- Jeder schaut **einmal pro Tag** auf unser Whiteboard/unsere Info-Wand. (Diese muss natürlich auch „gepflegt" und „aktualisiert" werden. Alte Zettel haben hier nichts verloren!)
- Eingehende Post wird **nur einmal angefasst**! Müll oder Bearbeiten. Wenn Bearbeiten, dann noch am gleichen Tag.
- **Multitasking** geht, aber nur mit unwichtigen Dingen. Da wir nur wichtige Dinge tun, lassen Sie es!
- Beim **Telefonieren** Formular für Gesprächsnotizen verwenden. Bei Bitte um Rückruf Gesprächsnotiz sofort dem behandelnden Arzt zuordnen (z. B. in einem Hängeregister, in welchem jeder Arzt eine eigene Mappe hat).
- Jeder Arzt **checkt nach der Sprechstunde** seine Mappe. Zugeordnete Kunden werden sofort zurückgerufen.
- Die **Bonbonschale** muss immer gefüllt sein!

# 7   Ein Plädoyer zum Abschluss

Manchmal ist es beruhigend, zu wissen, dass es auch in anderen Sparten außerhalb der Tiermedizin zu Stress, Burnout und Depression kommt. Viele populärwissenschaftliche und psychologisch orientierte Bücher füllen die Regale der Buchläden, um Menschen in allen möglichen Lebenslagen unter die Arme zu greifen. In einer Welt, die sich fast täglich „schneller dreht", ist es gut, dass man sich von allen Seiten Hilfe holen kann. Ob man dies offiziell macht, gemeinsam mit einem Psychologen oder Coach, oder aber im Geheimen mit Büchern zum Selbststudium: Wichtig ist nur – und ich hoffe, nun am Ende dieses Buches angelangt, dass Sie diese Erkenntnis gemacht haben –, dass man frühzeitig etwas tun muss.

Aber nicht nur diese Erkenntnis sollte Sie vor einem Totalcrash bewahren. Viele weitere Erkenntnisse und Lernvorgänge sind wichtig, um sich selbst vor einem Absturz, einem Zusammenbruch oder auch einem anbahnenden Bandscheibenvorfall zu bewahren. Resilienz und eine gute Zeiteinteilung sind hier die Grundbausteine. In diesem Buch haben Sie viele Möglichkeiten kennengelernt, mit intrinsischen und extrinsischen Herausforderungen besser zurechtzukommen. Sie haben Strategien kennengelernt, ihr persönliches Stressempfinden besser in den Griff zu bekommen, oder Wege, aus der „Stressfalle" herauszufinden. Sie haben To-do-Listen und andere „Werkzeuge" kennengelernt, um Ihre Zeit zu managen und somit ebenfalls etwas gegen Ihr persönliches Stressempfinden zu unternehmen.

Zu guter Letzt möchte ich aber gerne noch einmal das Thema „Zeit" ansprechen, denn „Zeitmanagement" ist nicht alles.

Versuchen Sie, in der Gegenwart zu leben. Im Hier und Jetzt. Versuchen Sie, Momente wieder für sich zu entdecken. Ob es das leckere Frühstück ist, die Fahrt durch eine wunderschöne Landschaft zum nächsten Patienten oder das Kinderlachen, wenn Sie das Meerschweinchen wieder gesund gepflegt haben. Wir neigen dazu, so viele schöne Momente an uns vorüberziehen zu lassen, ohne sie überhaupt bemerkt zu haben. Wenn wir es aber schaffen, solche Momente wieder bewusster zu genießen, dann ist dies alleine schon ein erster Schritt, besser mit allem zurechtzukommen, was uns noch auf unserem Weg begegnet. Genutzte Momente schaffen Stärke! Und auch das Ausprobieren von Neuem schafft Selbstbewusstsein und Stärke.

Dies gilt auch für das Zeitmanagement. Denn die Basis, ihr Zeitmanagement ändern zu können, liegt in einer Änderung Ihrer Einstellung. Wie schnell finden wir uns wieder in einer wohligen Lethargie, bis wir erneut feststellen, dass uns die Zeit „davonrennt", und dann ist er wieder da: der Stress.

Sie sehen, es ist wie mit dem Huhn und dem Ei: War zuerst das Stressempfinden da oder der Mangel an Zeit? Fangen Sie mit Ihrem Veränderungsprozess dort an, wo er sich für Sie am einfachsten anhört. Denn man kann nur kleine Schritte gehen. Immer weiter, die Treppe hoch. Es gibt keinen Aufzug zum Erfolg.

In diesem Sinne komme ich nun zu meiner letzten Übung für Sie.

## Übung

### Wünsch Dir was!

Spielen Sie mal das Spiel „Wünsch Dir was!" und werden Sie kreativ. Stellen Sie sich vor, es käme eine Fee, die Ihnen all Ihre Wünsche erfüllen könnte! Was würden Sie sich wünschen? Schreiben Sie es auf. Und werden Sie kreativ.

Walter Elias Disney entwickelte bereits früh eine Methode, auf kreative Art und Weise zu Lösungsfindungen zu kommen. Daraus entstanden viele wunderbare Zeichentrickfilme, aber die Methode lässt sich auch, mit einem gewissen Humor und der Offenheit für Neues, auf Probleme im Alltag übertragen.

Hierzu benötigen Sie drei „Stationen":
- Station 1: der Träumer/Visionär/Ideenlieferant
- Station 2: der Realist/Macher
- Station 3: der Kritiker

Nun nehmen Sie Ihre Wunsch-Idee (sinnvoll auch als Teamübung) und betrachten Sie sie aus allen drei Perspektiven. Schlüpfen Sie in die Rolle des Träumers, des Realisten und des Kritikers. Geben Sie sich in jeder Rolle die Zeit, die Sie benötigen, um sich wirklich darauf einzulassen, und sammeln Sie Inputs.

Am Ende betrachten Sie die Resultate aller drei Stationen und kommen Sie damit auf Ihre individuelle Lösung. Diese Übung macht nicht nur im Team Spaß, sie kann auch die eigenen Perspektiven öffnen und Betrachtungsweisen schärfen. Manch einer konnte mit dieser Methode Lösungen finden, auf die er vorher nie gekommen wäre. Diese Walt-Disney-Methode kommt im Business und Management heutzutage regelmäßig zum Einsatz. Sie hilft – vor allem bei festgefahrenen Denkstrukturen  - sich davon zu lösen und einen neuen Blickwinkel auf Probleme zu entwickeln. Probieren Sie es aus!

# Literatur

Angerer P, Petru R; Institut und Poliklinik für Arbeits-, Sozial- und Umweltmedizin, Klinikum der Universität München. Schichtarbeit in der modernen Industriegesellschaft und gesundheitliche Folgen. Somnologie 2010; 14: 88–97.

AOK-Bundesverband. Pressemitteilung vom 11.10.2016. Deutschlands Studenten sind gestresst. http://aok-bv.de/presse/pressemitteilungen/2016/index_17265.html (letzter Zugriff: 29.05.2017).

Bentlage G. KommunikationSkills. Stuttgart: Schattauer 2016.

Bergner T. Burnout bei Ärzten. 2. Aufl. Stuttgart: Schattauer 2010.

Betz G. Lernkontexte. Die Lerntheorie von Gregory Bateson. Gedanken und Anwendungsversuche. Bochum: Ruhr-Universität, Institut für Pädagogik 2006. http://homepage.ruhr-uni-bochum.de/gregor.betz/bateson/bateson-lerntheorie.pdf (letzter Zugriff: 29.05.2017).

Birbaumer N, Schmidt RF. Biologische Psychologie. 6. Aufl. Heidelberg: Springer 2006.

Boersch C, Diest F v (Hrsg). Das Summa Summarum des Erfolgs. Wiesbaden: Gabler 2006.

Boivin DB, James FO. Circadian adaptation to night-shift work by judicious light and darkness exposure. J Biol Rhythms 2002; 17(6): 556–67.

Buser T, Peter N. Multitasking. Exp Econ 2012; 15: 641–55.

Cerenak M, https://markuscerenak.com/ziele-infografik.htm (letzter Zugriff: 28.05.2017)

Dahms M. Karriere braucht Kommunikation. Wiesbaden: Gabler 2010.

Dettmer M, Shafy S, Tietz J. Volk der Erschöpften. DER SPIEGEL 4/2011. www.spiegel.de/spiegel/print/d-76551044.html (letzter Zugriff: 29.05.2017).

Deutsche Gesetzliche Unfallversicherung (DGUV). DGUV Report 1/2012: Schichtarbeit – Rechtslage, gesundheitliche Risiken und Präventionsmöglichkeiten. http://publikationen.dguv.de/dguv/pdf/10002/iag-schicht-1.2012.pdf (letzter Zugriff: 29.05.2017).

Dessauer Zukunftskreis. Was denken Deutschlands zukünftige Tierärzte? Eine Studie über Studierende der Veterinärmedizin. 2014. www.dessauer-zukunftskreis.de/fileadmin/zukunftskreis_2016/files_open/DZK_Studie_V04-01AL-Final.pdf (letzter Zugriff: 29.05.2017).

Dilly M. Burnout im Tiermedizinstudium. Dissertation. Hannover: Stiftung Tierärztliche Hochschule 2016.

Dilts R. Identität, Glaubenssysteme und Gesundheit. Paderborn: Junfermann 2015.

Doran GT. There's a S. M. A. R. T. way to write managements's goals and objectives. Manage Rev 1981; 70(11): 35.

Eder AB, Brosch T. Emotion. In: Müsseler J, Rieger M (Hrsg). Allgemeine Psychologie. 3. Aufl. Berlin, Heidelberg: Springer 2017; 185.

Ellis A, http://denken-fuehlen-leben-lernen.blogspot.de/2015/09/rational-emotive-verhaltenstheorie.html.

Einarsen S. Harassment and bullying at work: a review of the Scandinavian approach. Aggr Violent Behav 2000; 5(4): 379–401.

Federation of Veterinarians of Europe. FVE Survey of the Veterinary Profession in Europe. www.fve.org/news/download/FVE%20Survey_full_final.pdf (letzter Zugriff: 29.05.2017).

Fonds Gesundes Österreich (FGÖ). Mobbing: Leitfaden zur Prävention und Intervention. Reihe WISSEN 2012, Band 7.

Schmalt HD, Heckhausen H. Machtmotivation. In: Heckhausen J, Heckhausen H (Hrsg). Motivation und Handeln. 4. Aufl. Berlin, Heidelberg: Springer 2010; 214.

Freud S. Das Ich und das Es. *1923*. Studienausgabe, Bd. III. Frankfurt am Main: Fischer 1975.

Gardner H. Frames of Mind: The Theory of Multiple Intelligences. New York : Basic Books 1983.

Giese C. Von der Vieharzneykunst zur Veterinärmedizin. Spiegel der Forschung 2001; 2: 2118.

Goleman D. Emotionale Intelligenz. München: Hanser 1996.

Goschke T. Volition und kognitive Kontrolle. In: Müsseler J, Rieger M (Hrsg). Allgemeine Psychologie. 3. Aufl. Berlin, Heidelberg: Springer 2017; 323.

Gündel H, Glaser J, Angerer P. Arbeiten und gesund bleiben. Berlin, Heidelberg: Springer 2014.

Hansen AM, Hogh A, Persson R. Frequency of bullying at work, physiological response, and mental health. J Psychosom Res 2011; 70: 10–27.

Harling M, Strehmel P, Schablon A et al. Psychosocial stress, demoralization and the consumption of tabacco, alcohol and medical drugs by veterinarians. J Occup Med Toxicol 2009; 4: 4.

Heckhausen J, Heckhausen H (Hrsg). Motivation und Handeln. 4. Aufl. Berlin, Heidelberg: Springer 2010.

Herbst U, Voeth M. Studierendestress in Deutschland – eine empirische Untersuchung. Berlin: AOK-Bundesverband 2016.

Hjeltnes A, Binder PE, Moltu C, Dundas I. Facing the fear of failure: An explorative qualitative study of client experiences in a mindfulness-based stress reduction program for university students with academic evaluation anxiety. Int J Qual Stud Health Well-being 2015; 10: 10.3402/qhw.v10.27990.

Humble JA. Critical skills for future veterinarians. J Vet Med Educ 2001; 28(2): 50–3.

Hullmann I. How to coach: Mit Leichtigkeit Coaching lernen. Stuttgart: Schattauer 2012.

Janson S. Die 110 %-Lüge. München: Redline 2009.

Jiang W. Emotional triggering of cardiac dysfunction: the present and future. Curr Cardiol Rep 2015; 17: 91.

Kersebohm JC, Doherr MG, Becher AM. Lange Arbeitszeiten, geringes Einkommen und Unzufriedenheit: Gegenüberstellung der Situation praktizierender Tiermediziner mit vergleichbaren Berufsgruppen der deutschen Bevölkerung. Berl Munch Tierarztl Wochenschr 2017; aop. doi: 10.2376/0005-9366-16093.

Killinger SL, Flanagan S, Castine E, Howard KA. Stress and Depression among Veterinary Medical Students. J Vet Med Educ 2017; 44(1): 3–8.

King JE, Figueredo AJ. The five-factor model plus dominance in chimpanszee personality. J Res Pers 1997; 31: 257–71.

Kindler HS. Konflikte konstruktiv lösen: Produktive Teamarbeit. Stress und Spannungen abbauen. Lösungsvorschläge. Fallstudien. Checklisten. New Business Line, Band 38. 2. Aufl. Wien: Überreuter 1994; 38 f.

Kitt T. Der tierärztliche Beruf und seine Geschichte. Stuttgart: Enke 1931.

Lohmer M, Sprenger B, Wahlert J v. Gesundes Führen. Stuttgart: Schattauer 2012.

McClelland DC. Human Motivation. Cambridge: Cambridge University Press 1987.

Mainka-Riedel M. Stressmanagement – Stabil trotz Gegenwind. Wiesbaden: Springer/Gabler 2013.

Martin A, Gaab J. Chronisches Erschöpfungssyndrom. Psychotherapeut 2011; 56: 231–8.

Matyssek AK. Führungsfaktor Gesundheit. Offenbach: GABAL 2007.

Maurer BA. Frauen in der Tiermedizin. Dissertation. Berlin: Tierärztliche Ambulanz Schwarzenbek, Fachbereich Veterinärmedizin der Freien Universität Berlin 1997.

Müsseler J, Rieger M (Hrsg). Allgemeine Psychologie. 3. Aufl. Berlin, Heidelberg: Springer 2017.

Postnova S, Robinson PA, Postnov DD. Adaptation to shift work: physiologically based modeling of the effects of lighting and shifts' start time. PLoS One 2013; 8(1): e53379.

Preuß-Scheuerle B. Praxishandbuch Kommunikation. 2. Aufl. Heidelberg: Springer/Gabler 2016; 111 ff.

Pritzel M, Brand M, Markowitsch J. Gehirn und Verhalten. Ein Grundkurs der physiologischen Psychologie. Heidelberg: Spektrum Akademischer Verlag 2009.

Puca RM, Schüler J. Motivation. In: Müsseler J, Rieger M (Hrsg). Allgemeine Psychologie. 3. Aufl. Berlin, Heidelberg: Springer 2017.

Reivich K, Shatté A. The Resilience Factor. New York: Broadway Books 2002.

Richter KF. Coaching als kreativer Prozess. Göttingen: Vandenhoeck & Ruprecht 2015; 206 f.

Rissi V, Monteiro JK, Cecconello WW et al. Psychological interventions against workplace mobbing. Trends Psychol 2016; 24(1): 353–65.

Salin D. The prevention of workplace bullying as a question of human resource management: measures adopted and underlying organizational factors. Scan J Manage 2008; 24: 221–31.

Salvucci DD. Multitasking. The Oxford Handbook of Cognitive Engineering. Oxford: Oxford University Press 2013.

Scheve C v. Die emotionale Struktur sozialer Interaktion: Emotionsexpression und soziale Ordnungsbildung. Z Soziologie 2010; 39(5): 346–62.

Schmitz M. Instinkt. Das Tier in uns. Stuttgart: Schattauer 2014.

Sprenger B. Vom Kontorvorsteher zum Teamkoordinator: Was muss eine Führungskraft heute können? In: Lohmer M, Sprenger B, Wahlert J v (Hrsg). Gesundes Führen. Stuttgart: Schattauer 2012.

Teigen KH. Yerkes-Dodson: A Law for All Seasons. Theory & Psychology 1994; 4(4): 525–47.

Timmins RP. How does emotional intelligence fit into the paradigm of veterinary medical education? J Vet Med Educ 2006; 33(1): 71–5.

Tracy B. Eat that frog. 21 Wege, um sein Zaudern zu überwinden und in weniger Zeit mehr zu erledigen. In: Boersch C, Diest F v (Hrsg). Das Summa Summarum des Erfolgs. Wiesbaden: Gabler 2006; 281 ff.

Winter DG. A motivational model of leadership: Predicting long-term management success from TAT measures of power motivation and responsibility. Leadership-Quarterly 1991; 2: 67–80.

Wissenschaftliches Institut der AOK (WIdO). Pressemitteilung August 2012. Fehlzeiten-Report 2012. http://aok-bv.de/imperia/md/aokbv/presse/pressemitteilungen/archiv/2012/04_wido_presseinfo.pdf (letzter Zugriff: 29.05.2017).

## Weblinks

www.businessinsider.de/diese-stadt-in-schweden-testet-den-6-stunden-arbeitstag-mit-faszinierenden-ergebnissen-2016-5 (letzter Zugriff: 09.05.2017)

http://denken-fuehlen-leben-lernen.blogspot.de/2015/09/rational-emotive-verhaltenstheorie.html (letzter Zugriff: 07.05.2017)

www.do-care.de/wp-content/uploads/2014/09/tipps-zum-thema-pause-machen.pdf (letzter Zugriff: 09.05.2017)

www.focus.de/finanzen/karriere/management/motivation/tid-12170/lebenskunst-richtig-loben_aid_336454.html (letzter Zugriff: 28.05.2017)

www.healthrelations.de/6-stunden-tag-in-schwedischer-klinik/ (letzter Zugriff: 09.05.2017)

www.massagio.de/wp-content/uploads/2016/12/Studienergebnisse-Stress-am-Arbeitsplatz-2016-051216.pdf (letzter Zugriff: 28.05.2017)

www.vetmindmatters.org/ (letzter Zugriff: 28.05.2017)

www.vetmindmatters.org/wp-content/uploads/2016/11/medical-minds-matter-conference-report-april-2016.pdf (letzter Zugriff: 28.05.2017)

http://veterinarywellness.colostate.edu/ (letzter Zugriff: 28.05.2017)

https://de.wikipedia.org/wiki/Eisenhower-Prinzip; (letzter Zugriff: 28.05.2017)

www.zitate-online.de/sprueche/wissenschaftler/265/probleme-kann-man-niemals-mit-derselben-denkweise.html (letzter Zugriff: 11.05.2017)

# Sachverzeichnis

# Veterinärmedizin bei Schattauer

Guido Bentlage

## KommunikationsSkills

Erfolgreiche Gesprächsführung
in der tierärztlichen Praxis

- **Praktisch:** Anschauliche Anleitungen für eine
  souveräne Gesprächsführung
- **Maßgeschneidert:** Hilft allen praktisch tätigen
  Tierärzten, Studierenden und auch Tiermedizinischen
  Fachangestellten die praxistypischen Gesprächssitua-
  tionen sicher zu meistern.
- **Zielführend:** Mehr Erfolg und bessere Kunden-
  bindung durch gelungene Kommunikation

Ausgehend vom Praxisalltag erklärt der Autor die Mechanismen des kommunikativen Miteinanders und liefert Tipps
und Tricks für den konstruktiven Umgang mit schwierigen
Gesprächssituationen.

VetCoach | 2016. 202 Seiten, 12 Abb., 19 Tab., kart.
€ 29,99 (D) / € 30,90 (A) | ISBN 978-3-7945-3139-4

Christa Wilczek, Kristin Merl

## MemoVet

Praxis-Leitfaden Tiermedizin

- **Informativ:** Alles rund um Hund, Katze, Pferd, Rind
  und Schwein
- **Aktuell:** Tierseuchen, rechtliche Aspekte und Doku-
  mentationspflichten in der Praxis auf dem neuesten
  Stand
- **Übersichtlich:** Rasch nachschlagbares Wissen in
  zahlreichen Tabellen und Grafiken
- **Praxisrelevant:** Konkrete Dosierungsvorschläge und
  Behandlungsanleitungen für die häufigsten Krankheiten
  und Notfälle

Der Klassiker unter den „Kitteltaschen-Guides" präsen-
tiert in der 7. aktualisierten und vollständig überarbeiteten
Auflage das Wichtigste zu allen praxisrelevanten Themen
– gewohnt klar strukturiert und leicht verständlich.

MemoVet | 1. Ndr. 2016 der 7., überarb. u. aktual. Aufl. 2012.
576 Seiten, 119 Abb., 131 Tab., kart.
€ 39,99 (D) / € 41,20 (A) | ISBN 978-3-7945-2865-3

Irrtum und Preisänderungen vorbehalten

## Schattauer

www.schattauer.de